ENTWICKELN & PLANEN von
QUARTIEREN & GESCHOSSWOHNUNGSBAU

R. Johrendt / F. Buken (Hrg.)

Praxisorientierte Einführung in kosteneffizientes
ENTWICKELN & PLANEN von
QUARTIEREN & GESCHOSSWOHNUNGSBAU

Dölling und Galitz Verlag

INHALT

Vorwort

Wie gewohnt?
Wohnungen – eine lohnende Bauaufgabe von Architekt:innen und Planer:innen

Vorwort von Reinhold Johrendt

Architekt:innen stehen als Dienstleister:innen vom ersten bis zum letzten Tag ihrer Berufstätigkeit untereinander im Wettbewerb um konkrete Aufträge, und die Architektenschaft insgesamt steht vor der Aufgabe, kontinuierlich um gesellschaftliche Akzeptanz und Honorierung der Architektur für ihren Beitrag zur Sicherung und Entwicklung der Kultur zu kämpfen. Was einmal erreicht ist, hat nicht automatisch Bestand, sondern muss stetig weiterentwickelt und gepflegt werden.

Bauökonomie als Fachgebiet innerhalb der Architektur- und Ingenieurswissenschaften ist eine vergleichsweise junge Wissenschaft mit traditionsreichen Wurzeln. Ihre Eigenständigkeit bekam sie ab Mitte der 1970er-Jahre mit der Forderung von Bauherr:innen an die Architekt:innen nach mehr ökonomischer Kompetenz in der Praxis und der Ausbildung.

Mit der Etablierung und Verankerung der Thematik *Bau- und Planungsökonomie* in den Curricula an mittlerweile 15 deutschen Hochschulen wird dem damaligen Defizit entgegengewirkt.

Die angewandte Wissenschaft Bauökonomie wird von den einen geliebt, von den anderen als lästiges Beiwerk in Kauf genommen. Wer sich jedoch dauerhaft als Planer:in im Wettbewerb behaupten will, um ihre/seine Visionen Wirklichkeit werden zu lassen, kommt um Kosten- und Terminplanung, Ausschreibung, Baustellenmanagement sowie Qualitätssicherung nicht herum. Ökonomische Planung bedingt nicht nur den Aspekt der Kostenplanung, sondern auch den Umgang mit den am Bau beteiligten Fachplaner:innen, deren Kompetenzen und Divergenzen. Nur das geschulte und geübte Miteinander der fachlichen Kernkompetenzen generiert ein bestmögliches Ergebnis.

An der HafenCity Universität (HCU) Hamburg ist die interdisziplinäre Zusammenarbeit von Studierenden der Architektur und des Bauingenieurwesens seit Jahrzehnten eine gelebte Tradition. Gemischte Teams aus angehenden Architekt:innen und Bauingenieur:innen bearbeiten disziplinübergreifende Aufgabenstellungen.

Vor diesem Hintergrund wurde beispielsweise im *A+I-Master-Projekt „Bezahlbarer nachhaltiger Wohnraum"* im WiSe 2020/21als Alternative zur monodisziplinären Projektarbeit ein Prototyp mit dem Leitbild *„Architektur 2021 – Zukunftslabore"* initiiert. Gemischte Teams aus künftigen Architekt:innen und Bauingenieur:innen bearbeiteten disziplinübergreifende Aufgabenstellungen. Ihre Betreuung erfolgte durch die Autoren dieses Buchs mit Schwerpunkt auf den Themen Entwurf, Nachhaltigkeit, Konstruktion/Tragwerk, Technik und schließlich Wirtschaftlichkeit.

Das Thema des Zukunftslabors, *Bezahlbarer nachhaltiger Wohnungsbau*, wurde nicht willkürlich gewählt, denn, so fasst es Wolfgang Willkomm zusammen:

„Nachhaltiges Bauen berücksichtigt

» den langen und effizienten Lebenszyklus aller eingesetzten Ressourcen, wie Baustoffe, Bauteile, Gebäude, Energie, Wasser, Luft…

» die gute Anpassungsfähigkeit an Veränderungen jeder Art, wie Klimaveränderungen, technische Entwicklungen, wissenschaftliche Erkenntnisse und funktionale Veränderungen im individuellen, sozialen und familiären Lebenszyklus.

Dazu kann der Wohnungsbau gute Beiträge leisten".

Die Anforderungen an zeitgemäße Wohnbauprojekte unterliegen einer dynamischen Entwicklung. Zusätzliche Anforderungen, steigende Bodenpreise und konjunkturelle Schwankungen verteuern das Bauen überproportional. Eine Folge ist der zunehmende Mangel an bezahlbarem Wohnraum. Wohnungsbau unterliegt somit einer *harten wirtschaftlichen Kalkulation* und stellt zugleich hohe technische, soziale und innovative Ansprüche an alle daran Beteiligten – für uns als Nutzer:innen einer der höchsten Gebrauchswerte in unserem Lebenszyklus.

Die Beiträge der Experten im vorliegenden Buch beleuchten die wesentlichen Aspekte, die bei der Bearbeitung von Planungsleistungen zu erbringen sind, egal ob es sich um die Renditeerwartungen der Bauherr:innen, um Tragwerksplanung und Baukonstruktion oder um langlebige und variable Architektur im Geschosswohnungsbau als eine der herausforderndsten Bauaufgaben handelt.

Im Beitrag „Wie entsteht ein Projekt?" werden die Aufgaben aller am Projekt beteiligten Akteur:innen und deren Ineinandergreifen systematisch beschrieben. Die zahlreichen DIN-Normen, Bauvorschriften und Verordnungen, die es in der praktischen Anwendung im Wohnungsbau zu berücksichtigten gilt, kommen ebenso zur Sprache wie ihre Auswirkungen auf die zu erstellenden Grundrisse.

Die exemplarische Darstellung der Herangehensweise bei einer Masterplanung, von der Veränderung des Planungsmaßstabs der Konversionsfläche bis zum Wohnungsgrundriss im neuen Quartier, verdeutlicht die Komplexität bei der Entstehung von Wohnquartieren.

Studentisches Wohnen als eine der kleinsten Einheiten des Wohnens wird unter dem Aspekt Mikroapartment und Schaltbarkeit u.a. mit Entwürfen von Studierenden illustriert und mit dem „Studentenwohnheim WOODIE" beispielhaft dargestellt.

Erfolgreich entwickeln und planen. Vortragsreihe WiSe 2019/20: Von der Quartiersentwicklung bis zum WOODIE

Die vorliegende „Praxisorientierte Einführung in kosteneffizientes Entwickeln und Planen im Geschosswohnungsbau" gibt den Studierenden eine aktuelle Planungshilfe an die Hand und macht sie mit allen relevanten Planungsparametern vertraut, die erforderlich sind, um kosteneffizienten, nachhaltigen und menschenwürdigen Wohnungsbau zu entwickeln, zu planen und erfolgreich umzusetzen.

Ich freue mich über dieses Buch, das die Erfahrungen der Autoren aus der Lehre mit der Berufspraxis der Planer:innen vereint.

R. Johrendt

Preisträger und Juroren des Wettbewerbs „Generation GAP", WiSe 2019/20 HafenCity Universität (HCU), Hamburg
v.l.n.r: David Launhardt, Reinhold Johrendt, Frank Buken, Julia Krause, Anneke Jobs, Laura Kirch, Wolfgang Willkomm, Max Ruben Leistikow, Pascal Brade, Alf M. Prasch

Die Bauherrnschaft
im Wohnungsbau

Die Bauherrnschaft im Wohnungsbau – eine Klasse für sich

Bernd Pastuschka

Anlässlich eines BDA-Jubiläums hielt der ZEIT-Feuilletonist und Architekturkritiker Manfred Sack einen Vortrag mit dem Titel „Von der Utopie, dem guten Geschmack und der Kultur des Bauherrn oder:

» **Wie entsteht gute Architektur?"**

Eine gängige Antwort auf die von ihm gestellte Frage nach der Entstehung von guter Architektur lautet: „Dazu braucht es natürlich einen guten Architekten!" – „Banal und falsch!", widerspricht Manfred Sack: „Denn noch ehe der Architekt gerufen wird und seine Chance erhält, braucht es einen Bauherrn (...), jemanden, der das Geld hat oder es zu besorgen versteht (...), der die Aufgabe formuliert, nicht auszuschließen (auch) seinen Geschmack, der vor allem aber einen Bauwillen hat." [1]

Auf die Frage an den Architekten Meinhard von Gerkan (gmp Architekten von Gerkan, Marg und Partner), ob man den Bauwillen eines Investors dazu bringen kann, den Wohnanteil in Ballungsgebieten deutlich über 20 % zu heben, antwortet er: „Das Teuflische ist, dass jeder Investor eigentlich immer zwei Rechnungen aufmacht: die eine für den Kapitalgeber, in der attraktive Gewinne

versprochen werden, und eine zweite für die Stadtväter und die Architekten, in der belegt wird, dass das ganze Vorhaben nur ein Wagnis ist und kaum Gewinn erwarten lässt. Renditeberechnungen sind in höchstem Maße spekulativ und manipulierbar." [2]

Was man heute unter Wohnungsnot versteht, „ist die eigentümliche Verschärfung, die die schlechten Wohnungsverhältnisse der Arbeiter durch den plötzlichen Andrang der Bevölkerung nach den großen Städten erlitten haben; eine kolossale Steigerung der Mietspreise; eine noch verstärkte Zusammendrängung der Bewohner in den einzelnen Häusern, für einige die Unmöglichkeit, überhaupt ein Unterkommen zu finden. Und diese Wohnungsnot macht nur so viel von sich reden, weil sie sich nicht auf die Arbeiterklasse beschränkt, sondern auch das Kleinbürgertum mit betroffen hat." So klang es 1872 im Diskurs zur Wohnungsfrage in unseren Städten zur Zeit der Industrialisierung in den berühmten Zeitungsartikeln „Zur Wohnungsfrage" von Friedrich Engels. [3] Heute, 150 Jahre später, wo das Bauen komplexer, schneller und globaler geworden ist, geht es nach wie vor um die Aufgabe der Bauherrnschaft, Wohnungsbau in unseren Städten zu betreiben. In den Debatten über den Wohnungsbau finden sich Begriffe wie

» „Wiederbelebung des Erbbaurechts"
» „2. und 3. Förderweg"
» „Luxussanierung"
» „Mitpreisbremse"
» „Preisgedämpfter Verkehrswert"
» „Recht auf Stadt"
» „Finanzialisierung"
» „Ausverkauf der Städte"
» „Milieuschutzgebiete"
» „Umwandlungsverbot" oder
   das 2021 verabschiedete
» „Baulandmobilisierungsgesetz".

» **Wie steht es heute um die Bauherrn-schaft und ihren Willen, Wohnungen zu bauen, als Voraussetzung für gute Architektur und Baukultur?**

Im Folgenden werden einige polit-ökonomische Aspekte zur Rolle der Bauherrnschaft in Bezug auf den gesellschaftlichen Wunsch nach Wohnungs-bau im Kontext von börsennotierten Wohnbaugesellschaften, staatlichen Wohnungsbauprogrammen und der Knappheit von Bauland untersucht.

Der Begriff Bauherr:in scheint aus der Zeit gefallen zu sein. Er verweist auf mittelalterliche Ursprünge des Bauens. Voraussetzung für die Beauftragung und Bezahlung eines Baumeisters waren im ländlichen Raum ein Gutsherr, im städtischen Raum ein Ratsherr oder ein Bürger, die über Eigentum an Grund und Boden sowie über Kapital verfügten.

Der städtische Bauherr war politisch und ökonomisch mit seiner Stadt verwoben. Sein Haus und seine Stadt waren die Visitenkarte seines Kapitals und ge-sellschaftlichen Renommees – heute würden wir von Corporate Image spre-chen. Im Angelsächsischen ist der Begriff Bauherr:in etwas neutraler gehalten: client = Kunde bzw. Kundin, Auftrag-geber:in. Genderneutral sprechen wir auch von Bauherrnschaft. Juristisch kommt das grammatikalische Genus zur Anwendung: Eine GmbH, Aktien-gesellschaft oder die Freie und Hanse-stadt Hamburg werden jeweils als Bau-herrin bezeichnet.

Die Bauherrnschaft im 21. Jahrhundert hat viele Gesichter: Private, staatliche bzw. städtische Gesellschaften sowie Kapitalgesellschaften sind Bauherr:in-nen. Mit dem Slogan „Wohnen heißt Wüstenrot" wirbt die Wüstenrot Bau-sparkasse als der deutsche Baufinancier seit mittlerweile knapp hundert Jahren, mit dem Ziel, Wohnmöglichkeiten durch eigenheimorientiertes Zwecksparen zu schaffen. Die/Der private Bauherr:in möchte das eigene Haus oder die Eigen-tumswohnung selbst nutzen, und „wenn alles gut geht" (keine Krankheit, keine Scheidung, kein Jobverlust), hat sie/er sich am Ende des Arbeitslebens von der Zinslast befreit und das Haus oder die Wohnung gehört ihr/ihm und nicht mehr der Bank. Bauherr:innen im Woh-nungsbau sind aber auch private Kapi-talgesellschaften, Genossenschaften und der Staat selbst mit seinen Siedlungsbaugesellschaften, um die wichtigsten Akteur:innen am Wohnungsmarkt zu nennen.

» **Gibt es für die/den Bauherr:in eine allgemein gültige Definition?**

» **Kann man Bauherrnschaft als staatlich anerkannten Beruf erlernen?**

» **Erfordert die Funktion Bauherr:in eine bestimmte Qualifikation, um beispielsweise Verantwortung tragen zu können?**

Nein! Was ein:e Bauherr:in braucht, ist ein Gewerbeschein nach § 34c der Gewerbeordnung, der ihr/ihm Zuverlässigkeit und geordnete Vermögensverhältnisse bescheinigt. „Bei dem *Bauherrn* handelt es sich (…) um einen *Unternehmer* i.S.d. § 14 BGB, der sowohl eine natürliche Person als auch eine juristische Person sein kann. Bauherr ist nämlich der rechtlich und wirtschaftlich verantwortliche Auftraggeber bei der Durchführung von Bauvorhaben. Diese Bauvorhaben werden von ihm entweder im eigenen Namen oder für eigene oder fremde Rechnung vorbereitet oder ausgeführt bzw. er lässt die Bauvorhaben von einem Dritten vorbereiten oder ausführen." [4] In der Vergabe- und Vertragsordnung für Bauleistungen (VOB) wird synonym zu Bauherr:in von „Auftraggeber" (AG) gesprochen. Das BGB verwendet die Bezeichnung „Besteller". Bei Architekt:innen wird ein Werk bestellt. Man spricht bei einem Architekt:innenvertrag auch von einem Werkvertrag.

Die/Der Architekt:in schuldet ihrer/seinem Auftraggeber:in also ein Werk. Beim Werkvertrag nach Baugesetzbuch (BGB) ist der Besteller derjenige, der „ein Werk bei einem Unternehmer gegen Vergütung bestellt". Umgangssprachlich sowie im wirtschaftlichen Sinne wird die/der Besteller:in allgemein als „Käufer:in" angesehen. Mit Bezug auf das Baugewerbe und einen Bauvertrag nach BGB kann bei der/dem Besteller:in auch von Bauherr:in gesprochen werden, die/der nach § 650a Abs.1 BGB „die Herstellung, die Wiederherstellung, die Beseitigung oder den Umbau eines Bauwerks, einer Außenanlage oder eines Teils davon" bestellt.[5] Von künstlerischer Freiheit oder baukultureller Verantwortung ist in dieser Definition nicht die Rede.

Der bei der heutigen Generation vielleicht schon in Vergessenheit geratene Architekt Egon Eiermann bewertete den Aspekt der künstlerischen Freiheit im Berufsalltag der/des Architekt:in etwas ernüchternd: „Architektur entsteht heute nach ökonomischen, konstruktiven und funktionellen Gesetzmäßigkeiten. Wir stehen im harten Kampf der Wirklichkeit. Und wenn dann noch etwas Ähnliches wie das, was man mit dem Attribut Kunst bezeichnet, dazukommt, dann kann man in seinem Leben von einem unwahrscheinlichen Glück sprechen." [6]

Der gemeinsame Nenner bei der Definition von Bauherrnschaft ist für Manfred Sack der „Bauwille". Zu dieser Einsicht kommt auch Peter Lüttmann in seiner 2014 im Universitätsverlag der TU Berlin veröffentlichten Dissertation „Bauherren und Baukultur". Aus seiner Analyse resultieren fünf Merkmale für eine Bauherr:innen-Definition: „Bauherr im allgemeinen Sinne ist, wer einen Baubedarf und das Verfügungsrecht am Grundstück hat sowie baurechtlich und ökonomisch in der Lage ist, dort selbst oder durch Dritte ein Bauwerk zu planen, zu errichten, zu erhalten und zu verändern. Er ist befähigt, diese Vorgänge maßgeblich zu bestimmen." [7] Und Bernd Hermann ergänzt: „Als Initiator und als Entscheider verbleibt die Gesamtverantwortung für die Bauaufgabe immer bei dem Bauherrn. Hieran hat die Entwicklung der Gesellschaft nichts verändert. Es ist schwieriger geworden, den verantwortlichen Bauherrn zu identifizieren." [8]

Ein (Bauherr:in-)Wille, der praktisch werden möchte, ist immer gefordert, sich ein Mittel-Zweck-Verhältnis vorzulegen.

» **Welche Mittel sind erforderlich, damit Bauherr:innen ihren Bauwillen praktisch umsetzen können?**

Eine von Manfred Sack genannte Voraussetzung ist, dass die/der Bauwillige „das Geld hat oder es zu besorgen versteht." Das ist unbestritten auch im 21. Jahrhundert noch so. Geld ist aber selbst wiederum nur Mittel, um an die allgemeinste Voraussetzung für das Bauen, nämlich Besitz von Grund und Boden, heranzukommen. Grund und Boden ist eine endliche Ressource, die nicht produziert werden kann, die in ihrer natürlichen Erscheinungsform keinen ökonomischen Wert besitzt. Und dennoch kann man Grund und Boden besitzen, hat Grund und Boden einen Preis, ist käuflich und verkäuflich. Im Englischen heißt Grund und Boden „Real Estate" wörtlich übersetzt „echtes Anwesen", weil das Eigentum an Grund und Boden jenseits aller ökonomischen Konjunkturen immer gültige Voraussetzung für das Bauen bleibt.

Wer über Grund und Boden verfügt, hat ein ausschließendes Verfügungsrecht. Er allein bestimmt nach geltendem Recht, was er mit seiner Verfügungsgewalt anfängt. Das Eigentum an Grund und Boden ist in Deutschland verfassungsrechtlich durch Artikel 14 Abs.1 Satz 1 Grundgesetz geschützt, indem es das Privateigentum als Rechtseinrichtung gewährleistet. Die sogenannte Eigentumsgarantie soll „dem Rechtsinhaber einen Freiraum im vermögensrechtlichen Bereich erhalten und ihm damit die Entfaltung und eigenverantwortliche Gestaltung seines Lebens ermöglichen. Der rechtliche Gehalt des Eigentums wird daher durch Privatnützigkeit (Ausübbarkeit zum eigenen Vorteil) und Verfügbarkeit (nicht notwendig unbeschränkt) gekennzeichnet." [9] Eine Verfügbarkeit kann zum Beispiel sein, einen Zaun um ein Grundstück zu ziehen und mit einem Schild „Betreten verboten – Eltern haften für ihre Kinder" zu versehen, weil die/der Besitzer:in darauf hofft, dass in naher Zukunft der Wert des Grundstücks ohne ihr/sein Zutun steigt und so die eigenverantwortliche Gestaltung ihres/seines Lebens ermöglicht.

PRIVATGRUNDSTÜCK Betreten des Grundstücks verboten! Eltern haften für ihre Kinder!

Eine Spekulation auf Wertsteigerung hat viele Facetten. So können öffentliche Vorhaben zur Steigerung des Bodenwerts beitragen. Wo das Wachstum des Kapitals Nachfrage nach Gewerbegebieten und zusätzlichem Wohnraum erzeugt, wo Städte und Gemeinden neue Industrieflächen und Bauland ausweisen und mit dem Anschluss an Versorgungsnetze und Verkehrswege für die materiellen Voraussetzungen der Nutzung sorgen, steigen die Bodenpreise. Wenn eine ländliche Gemeinde für die Feuerwehrbedarfsplanung aus Mangel an Bauplatz einen Grundstücksankauf für einen Flächentausch vorsieht, kann es gut sein, dass kurz vor Vertragsabschluss der ausgehandelte Quadratmeterpreis der/dem Eigentümer:in zu niedrig erscheint und sie/er Nachbesserung fordert.

Behördliche Beschlüsse zur Festlegung oder Veränderung von Nutzungsrechten sind unmittelbar Geldquellen. Wenn der Staat Spekulationen mit seiner städtebaulichen Vision verhindern will, kauft er, wie im Fall Hamburgs, die nötigen Flächen mittels der 1995 gegründeten GHS, Gesellschaft für Hafen und Standortentwicklung, der heutigen HafenCity GmbH, inkognito zusammen. Im Nachhinein nennt sich das dann „Geheimkommando HafenCity. [10]

Das Verfügen über Grund und Boden ist zwar eine Voraussetzung für die Spekulation auf ein renditeträchtiges Geschäft, ohne Baurecht kommt es jedoch nicht zustande. Die Erlaubnis, Grund und Boden mit einer Nutzung zu versehen, wird in den Bauordnungen der Länder kodifiziert. Raumordnungspläne und Bebauungspläne legen fest, wo was wie gebaut werden darf.

Dort, wo das Baurecht keine verbindlichen Vorgaben enthält oder eine Um- bzw. Neunutzung erwünscht oder erforderlich ist, können Bauwillige einen Nutzungsvorschlag für ein spezifisches Grundstück zur Prüfung einreichen, um Baurecht zu erlangen. Sie betätigen sich dann als Projektentwickler:innen. Die mit der Nutzungsstudie beauftragten Architekt:innen hoffen, mit der Planung für eine Realisierung beauftragt zu werden, wenn sie durch ihre Nutzungsstudie das Baurecht erworben haben. Die Enttäuschung ist groß, wenn das mithilfe der Studie erworbene Baurecht nur dem Zweck diente, das Grundstück jetzt als belastbares, kapitalisierbares Renditeobjekt zu verkaufen. Die einen sehen in den Architekt:innen die nützlichen Idiot:innen, die anderen sagen, nur so erhielten sie die Chance zu bauen und Arbeitsplätze zu sichern.

In der Sprache der Investor:innen bzw. Bauherr:innen heißt das: „Die richtige Nutzung, das richtige Konzept für den richtigen Ort zu finden macht den Erfolg eines Projekts aus."

Die Planung von Architektur „unterliegt damit den gleichen Angriffen wie andere ‚Szenarien' und andere Produkte. Ihr wird weiterhin eine besondere Bedeutung zugemessen, aber sie wird kritischer beurteilt. Diese Beurteilung wird nicht mehr den Fachleuten überlassen. Als ein sehr komplexes Produkt geistiger und physischer menschlicher Leistung werden an Bauprojekte aber vergleichbare Maßstäbe angelegt wie auch an andere Wirtschaftsgüter". [11]

Die Verfügbarkeit über Grund und Boden sowie das erlangte Baurecht sind zwei Seiten derselben Medaille. Das eine kommt nicht ohne das andere aus. Dies und der Bauwille lassen aber noch keine Architektur entstehen. Die vierte Voraussetzung ist das Geld. Nur wer über Kapital und Kreditwürdigkeit verfügt, kann bauen, sein Eigentum an Grund und Boden verwerten. Die Geldhoheit wiederum liegt beim Staat. Seine Zinspolitik entscheidet darüber,

welchen Preis das Geld bekommt und damit ganz wesentlich auch über den Bauwillen einer Bauherrnschaft, denn seine Rendite steht im direkten Vergleich mit alternativen Geldanlagen.

Da es ein Recht auf Grundstückseigentum und dessen Verwertung gibt, könnte man sich fragen:

» **Gibt es anlog dazu ein Recht auf bezahlbaren Wohnraum? Denn Wohnen ist schließlich eine notwendige Voraussetzung für ein gutes Leben.**

Steigende Bodenpreise sind nicht an steigende Löhne und Gehälter gekoppelt, sodass sich zwei sich widersprechende Bedürfnisse gegenüberstehen: das Bedürfnis der Grundeigentümer:innen nach steigender Rendite und das Bedürfnis der Bürger:innen nach bezahlbarem Wohnraum. Das Recht auf Wohnen ist im Grundgesetz der Bundesrepublik Deutschland nicht explizit verankert. Anders sieht es in den Länderverfassungen aus. In den Länderverfassungen von Bayern und Berlin beispielsweise finden sich Sätze wie „Jeder Bewohner Bayerns hat Anspruch auf eine angemessene Wohnung" oder „Jeder Mensch hat das Recht auf angemessenen Wohnraum. Das Land fördert die Schaffung und Erhaltung von angemessenem Wohnraum, insbesondere für Menschen mit geringem Einkommen, sowie die Bildung von Wohnungseigentum."

Solche Länderverfassungsartikel verleiten zu der irrigen Annahme, das Recht auf Wohnen sei individuell einklagbar. Der Wissenschaftliche Dienst des Deutschen Bundestags kommt zu folgender Feststellung: „Die Rechte (Anm. d. A.: in den Länderverfassungen) sind alle subjektiv formuliert, wodurch der Eindruck erweckt wird, als seien sie auch einklagbar. Allerdings wird im zweiten Abschnitt der jeweiligen Rechte regelmäßig der Auftrag an den Staat formuliert, wie die Rechte umzusetzen sind." [12] Das heißt, Wohnraumförderung als Staatszielbestimmung, nicht als einklagbares subjektives Recht.

Die Entscheidung, Grund und Boden dem freien Spiel der Kräfte des Markts zu überlassen, wurde mit der Ratifizierung des Grundgesetzes vom 8. Mai 1949 gefällt, mit der Konsequenz, dass der Staat sich den Auftrag gegeben hat, Wohnungsbaupolitik zu betreiben. Am 24. April 1950 wurde das „Erste Wohnungsbaugesetz" der BRD verabschiedet, 1956 das zweite. Beide Wohnungsbaugesetze waren „Grundlage für einen beispiellosen Bauboom im Wohnungsbau mit staatlicher Unterstützung: den ‚sozialen Wohnungsbau'." [13] In den Gesetzen wurde die jahrelang gültige Dreiteilung in staatlich geförderten, steuerlich begünstigten und frei finanzierten Wohnungsbau festgelegt. Der soziale Wohnungsbau „sollte breiten Bevölkerungsschichten eine Wohnung zu erschwinglichen, vom Staat subven-

tionierten Mieten ermöglichen." [14] Eine Verlaufsform der Wohnungsbaupolitik des Nachkriegsdeutschlands ist mit allen Merkmalen eines spannenden Krimis in dem Buch „neue Heimat. Das Gesicht der Bundesrepublik. Bauten und Projekte 1947-1985." [15] dokumentiert.

Da der oben genannte Widerspruch zwischen Eigentum an Grund und Boden und dessen Verwertungsnotwendigkeit einerseits und dem Grundbedürfnis und der Notwendigkeit zu wohnen andererseits nicht aus der Welt ist, bleibt die staatliche Intervention zur Versöhnung dieses Widerspruchs ein Dauerthema: Bei der Bewältigung dieses Widerspruchs muss die „Staatszielbestimmung" ständig an die veränderten Bedingungen beider Interessen angepasst werden. Der Verwertungsdruck des Immobilienkapitals ist den Launen des Kapitalmarkts und der europäischen Zinspolitik unterworfen. Die Renditeerwartungen einer bauwilligen, praktizierenden Bauherrnschaft werden bestimmt von Bodenpreis, Lohnniveau, Dienstleistungs- und Baustoffpreisen. Städtischer und ländlicher Raum sind wiederum keine statischen Gegebenheiten. Pull and push-Parameter wie Demografie, Migration, Ab- und Zuwanderung von „Geschäftsgelegenheiten", um nur einige zu nennen, zwingen die Politik und die öffentlichen Bauherr:innen zur ständigen Anpassung der Staatszielbestimmung Wohnraumförderung.

» **Wie passen zu dieser Drangsal der Bauherrnschaft deren Bauwille und das gesellschaftliche Bedürfnis nach Gemeinwohl und Baukultur?**

» **Welche Verantwortung tragen oder besser können Bauherr:innen und Architekt:innen eigentlich tragen?**

Der Gebrauchswert einer Sache entscheidet sich zunächst über seine Funktionalität. Aber muss er dafür auch schön sein, wohlgestaltet sein? Wenn Raumgefühl eine entscheidende Bedingung für Wohlgefühl ist, kommt es sehr darauf an, ob eine Decke 2,50 m oder 2,30 m hoch ist, ob die Wohnung durch ein lichtdurchflutetes, belüftbares Treppenhaus zugänglich ist, ob der Wohnungsflur als Inszenierung für Ankommen und Verabschiedung gestaltet werden kann, ob Schallschutz auch die Privatsphäre in den Räumen berücksichtigt, ob „mein Haus" eine wiedererkennbare identitätsstiftende Ausstrahlung hat, die auch nach 20 Jahren ansehnlich und „meine ganz persönliche Adresse" ist, ob es vermeidbar ist, dass Grundrisse sich mehr und mehr der Zweckrationalität eines Wohnmobils anpassen.

» **Was könnte eine Bauherrnschaft im Wohnungsbau dazu bewegen, „Raum" zu finanzieren, der vordergründig keine Rendite abwirft – einfach so, damit er haltbar und dauerhaft ist und schön aussieht, damit man sich in ihm wohlfühlt?**

Denn schließlich sehen und benutzen wir alle ihn täglich.

Anlässlich dieser Fragestellung hatten Architekt:innen/Planer:innen im Jahr 1999 den Staat dazu aufgefordert, für einen bundesweiten gesellschaftlichen Dialog über das Zustandekommen von Architektur in Deutschland und ihre soziologischen Folgen zu sorgen. Daraufhin gründete das damalige Bundesministerium für Verkehr, Bau- und Wohnungswesen die „Initiative Architektur und Baukultur", die eine Empfehlung zur Gründung einer „Stiftung Baukultur" formulierte.

Mit der 2007 konstituierten „Bundesstiftung Baukultur" wurde erstmals eine staatliche Verantwortung im weitesten Sinne für materielles und immaterielles Kulturgut übernommen.

Mit dem Begriff „Baukultur" sollen unterschiedliche und widersprüchliche Interessen und Bedürfnisse im Idealfall miteinander „versöhnt" zu einem Konsens führen, der eine lebenswertere Umwelt schafft. „Für alle (Anm. d. A.: am Zustandekommen von Architektur Beteiligten) ist Baukultur ein Schlüssel, um gesellschaftlichen und ökonomischen Mehrwert zu schaffen – Baukultur ist eine Investition in die Lebensräume der Zukunft." [16]

Das Staatsziel Wohnraumversorgung ist von „einer als lebenswert empfundenen Umwelt", von einer „Wohlfühlversorgung" in den eigenen vier Wänden noch ein ganzes Stück entfernt. Architekt:innen tun, was sie gelernt haben und was man sie tun lässt. Insofern kommt es sowohl auf das Gelernte an als auch auf die Bedingungen, denen sie beim Planen unterworfen sind.

Und wie sieht es mit dem Sich-Wohl-fühlen aus? Zwischen Geschmack und Ungeschmack aber gebe es eine unversöhnliche Scheidung: „Ob einer lieber Äpfel ißt oder Birnen, das bleibt Geschmackssache; ob aber ein Apfel faul ist oder genießbar, das sollte auch der unterscheiden können, der für sei-nen Geschmack die Birne vorzieht." [17]

QUELLEN

[1] Manfred Sack: Von der Utopie, dem guten Geschmack und der Kultur des Bauherrn oder: Wie entsteht gute Architektur?" S. 13, BDA Bremen 1993

[2] Meinhard von Gerkan: Architektur im Dialog, Texte zur Architekturpraxis. Darin: Berlin – zurück zu den Ursprüngen, Meinhard von Gerkan im Gespräch mit Bernd Pastuschka, S. 241

[3] Marx-Engels-Werke, Band 18, 5. Auflage 1973, Berlin, S. 214

[4] https://www.juraforum.de / lexikon / bautraeger

[5] www.bauprofessor.de

[6] In: Festschrift zum 60. Geburtstag von Rainer Wanninger, Prof. Dr.-Ing. Bernd Hermann: Architektur und Wirtschaftlichkeit beim Bauen, S 334

[7] Peter Lüttmann: Bauherren und Baukultur – Analysen, Beschreibungen, Modelle, Definitionen, S.43

[8] Prof. Dr.-Ing. Bernd Hermann, a.a.O., S. 343

[9] Jens Schwanen: Die Sicherungssysteme an Grund und Boden in Deutschland. Bund der öffentlich bestellten Vermessungsingenieure e.V. (BDVI), www.bdvi, abgerufen im Mai 2021

[10] Gert Kähler (Autor) Volkwin Marg (Hrsg.): Geheimprojekt HafenCity oder Wie erfindet man einen neuen Stadtteil? S.198 ff.

[11] Prof. Dr.-Ing. Bernd Hermann, a.a.O., S. 337

[12] Wissenschaftlicher Dienst Deutscher Bundestag, Sachstand 29.05.2019, Aktenzeichen WD3-3000-120 / 9, Recht auf Wohnen

[13] Gert Kähler: Von der Speicherstadt bis zur Elbphilharmonie. Hundert Jahre Stadtgeschichte Hamburg, S. 122

[14] Gert Kähler: ebd.

[15] Schriftenreihe des Hamburgischen Architekturarchivs, Bd. 38, Hamburg 2020

[16] Bundesstiftung Baukultur, Baukulturbericht 2014 / 15, Gebaute Lebensräume der Zukunft – Fokus Stadt

[17] Manfred Sack, a.a.O. S. 18

Nachhaltige Architektur

Nachhaltige Architektur ist langlebig und variabel – vor allem im Wohnungsbau

Wolfgang Willkomm

Es ist das letzte große Abenteuer nach Ansicht von Renzo Piano, Architekt und als Spross einer genuesischen Bauunternehmerfamilie auch ein Macher:

Architektur entwerfen,
konstruieren und realisieren.

In unseren Köpfen und vor allem an unseren Hochschulen werden immer und immer wieder die wunderbarsten, aufregendsten Visionen entworfen. Als Quiddje, patriotischer aber eben nur zugereister Hamburger, erlaube ich mir das sinnverändernde Abwandeln eines bekannten Visionen-Zitates eines sehr verehrten Sohnes dieser Hansestadt:

Wer Visionen hat, sollte zu
Ingenieurinnen und Ingenieuren
gehen und diese Synergien nutzen,
empfehle ich.

Deshalb machen wir an der HCU Entwurfsprojekte mit Studierenden beider Studiengänge gemeinsam, woraus hier auch eine kleine und unspektakuläre Kostprobe zu sehen ist. Architektur- und Ingenieur-Kompetenz sind dringend nötig für die Erfindung und vor allem für die Realisierung nachhaltiger Architektur – Ingenieur kommt schließlich von „ingeniös =

erfinderisch", „Genie" steckt auch mit drin. Aber es ist das geforderte Genie für jeden Tag in unserem Berufsleben, nicht für wenige Großtaten mit Medienwirksamkeit. Das gilt für alle Bauvorhaben, aber ganz besonders gilt es für einen langlebigen, ressourceneffizienten Wohnungsbau mit guter Qualität für viele Menschen.

Nachhaltiges Bauen hat diese beiden Hauptaspekte:

» Langer und effizienter Lebenszyklus aller eingesetzten Ressourcen, wie Baustoffe, Bauteile, Gebäude, Energie, Wasser, Luft

» Gute Anpassungsfähigkeit an Veränderungen jeder Art, wie Klimaveränderungen, technische Entwicklungen, wissenschaftliche Erkenntniss und funktionale Veränderungen im individuellen, sozialen und familiären Lebenszyklus.

Wohnungsbau in München als gut integrierte Solararchitektur im ressourcen- und CO_2-sparenden Mieterstrom-Modell (Quelle: Fachzeitschrift Fotovoltaik 04/2018, Foto: Polarstern)

Aktiv-Stadthaus in Frankfurt als Solararchitektur und Gebäude als Kraftwerk mit Überschuss für e-Mobility (Quelle: A. Wiege und H. von Riegen, Solarnova & HHS Architekten Hegger-Hegger–Schleiff, Vortrag BIPV-Forum 2016)

Dass der Wohnungsbau in Europa dazu gute Beiträge leisten kann, sollen die folgenden Beispiele zeigen, die hoffentlich auch in den erfindungsreichen, neugierigen Köpfen der jungen Architekt:innengeneration nachhaltige Inspirationen und Freude an Teamwork wecken. Die hier gezeigten Bauten repräsentieren vor allem die deutlich sichtbaren Ansätze der *Solararchitektur* und des modernen *urbanen Holzbaus*.

Die ihnen teilweise ebenfalls innewohnenden Aspekte ressourceneffiziente Materialwahl und Tragwerkskonzepte verdeutlicht die nachfolgend gezeigte studentische Ausarbeitung.

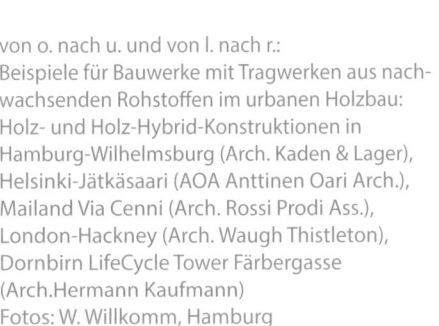  

von o. nach u. und von l. nach r.:
Beispiele für Bauwerke mit Tragwerken aus nachwachsenden Rohstoffen im urbanen Holzbau:
Holz- und Holz-Hybrid-Konstruktionen in Hamburg-Wilhelmsburg (Arch. Kaden & Lager), Helsinki-Jätkäsaari (AOA Anttinen Oari Arch.), Mailand Via Cenni (Arch. Rossi Prodi Ass.), London-Hackney (Arch. Waugh Thistleton), Dornbirn LifeCycle Tower Färbergasse (Arch.Hermann Kaufmann)
Fotos: W. Willkomm, Hamburg

Auszug aus dem A+I Master-Projekt „Nachhaltiger und
bezahlbarer Wohnungsbau" – Jana Miosga und Patrick Struwe
WiSe 2020/21, HafenCity Universität (HCU), Hamburg

**Die Grundrisse müssen
angepasst werden, um:**

» die Lasten ohne große Umwege
abzutragen – passiert durch übereinanderliegende tragende Bauteile

» Stützweiten von Decken und Unter-
zügen geringzuhalten – bei nicht
Beachtung große/dicke Querschnitte

» die Dicken der tragenden Bauteile
anzupassen – aus Gründen des Brand-,
Schallschutzes und der Statik

» die Balkone in Spannrichtung der
Holzdecken anzuordnen

Änderung des Entwurfs

Die Grundrisse wurden unter Einhaltung
folgender Randbedingungen angepasst:

» normale Flure   b ≥ 1,20 m
» barrierefreie Flure   b ≥ 1,50 m
» Zimmergröße   A ≥ 10 m²
  (unter 10 m²: halbe Zimmer)

Grundrissanpassung für ein ressourcenoptimiertes Tragwerk

Eine lange Lebensdauer bzw. der nachhaltige Gebäudebetrieb lässt sich zum einen durch die Anpassungsfähigkeit der Grundrisse nachweisen. Es ist entscheidend, dass die Wohnungen den späteren Bedürfnissen angepasst werden können. Hierbei ist es möglich, dass eine kleine Wohnung an eine größere Wohnung durch einen Durchbruch angeschlossen wird. Dies ist durch das gemauerte Mauerwerk ebenfalls leichter zu erreichen als bei einer Stahlbetonwand. Zudem ist es möglich, bei einer großen Wohnung ein Zimmer zu vermieten. Ebenfalls ist es in größeren Räumen möglich, eine weitere Wand einzuziehen.

1. Die Wände wurden ein Stück verschoben, um den Lastabtrag zu gewährleisten und die Querschnittsdicken zu reduzieren

2. Flurbereich wird anhand der Änderungen der Wand aus Punkt 1 angepasst, um die Anforderungen an die Barrierefreiheit zu erfüllen

3. Wand wird verschoben, um die benötigten Stützen, die die Lasten aus den darüberliegenden Stützen aufnehmen, mit den nicht tragenden Wänden zu verstecken

4. Wand wird verschoben, um die Last aus der darüberliegenden Wohnungstrennwand aufzunehmen

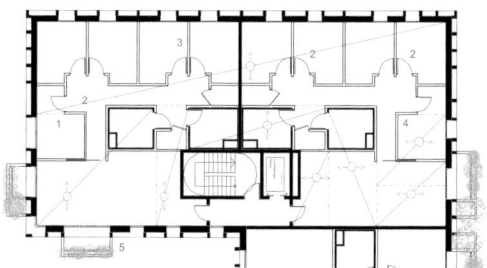

Ressourcenoptimierung durch Baustoffwahl und Variabilität

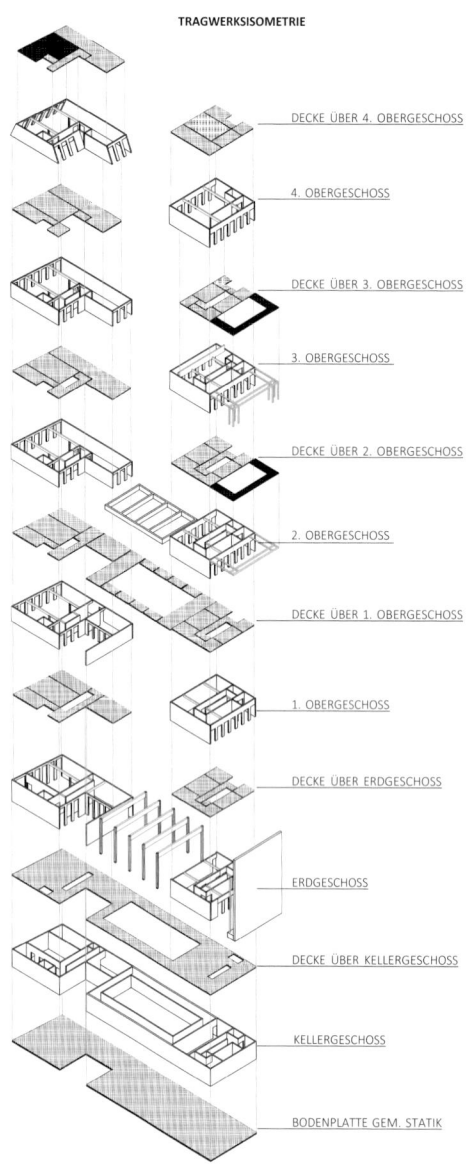

TRAGWERKSISOMETRIE

DECKE ÜBER 4. OBERGESCHOSS

4. OBERGESCHOSS

DECKE ÜBER 3. OBERGESCHOSS

3. OBERGESCHOSS

DECKE ÜBER 2. OBERGESCHOSS

2. OBERGESCHOSS

DECKE ÜBER 1. OBERGESCHOSS

1. OBERGESCHOSS

DECKE ÜBER ERDGESCHOSS

ERDGESCHOSS

DECKE ÜBER KELLERGESCHOSS

KELLERGESCHOSS

BODENPLATTE GEM. STATIK

Die Entwurfsbearbeitung für die Hafen-City Hamburg im A+I Master-Projekt der HCU zeigt die in konstruktive Planung umgesetzten Ziele der Ressourceneffizienz von den Studierenden Jana Miosga und Patrick Struwe, umgesetzt in den konstruktiven Entwurf, und die Tragwerksplanung, wie sie eben in unseren alltäglichen Aufgaben und meist nicht in den Bildern der Hochglanzmagazine, der Werber, Influencer und Blogger vorkommen. Aber Baukunst ist schließlich die Kunst, die nur gemeinsam gebaut werden kann.

Der ägyptische Baumeister und Träger des alternativen Nobelpreises, Hassan Fathy, sagte:

„Architecture is not an individual art, it is a communal art."

– eben unsere gemeinsame nachhaltige Gebrauchskunst.

Entwurfsoptimierungen in der Wechselwirkung aus Tragwerk und Nutzungsvariabilität:
Sophie Pfeiffer, Leon Dünkel, Hannah Strickrott,
HCU-Projekt Spielbudenplatz 26,
MScArc Konstruktion 1, SoSe 2021,
Betreuer: Jens Weyers und Wolfgang Willkomm

Tragwerksplanung und Baukonstruktion im Geschosswohnungsbau

Tragwerksplanung und Baukonstruktion im Geschosswohnungsbau

Peter-Matthias Klotz

In die Objekt- und Tragwerksplanung und auch in die ergänzenden Fachplanungen müssen heute vorab mehr denn je alle Lebensphasen eines Bauwerks einbezogen werden. Es gilt die unterschiedlichen Aspekte der Herstellung, der Nutzung, einer möglichen Umnutzung bis zum Abriss und gegebenenfalls der Verwertung der verwendeten Baustoffe zu berücksichtigen. Ein erfolgreiches Projekt vereint deshalb das Können und die Erfahrungen zahlreicher Projektbeteiligter unterschiedlicher Fachrichtungen. Bauen ist in diesem Sinne Teamarbeit. Hier sind studiengangübergreifende Projekte von Studierenden der Architektur und des Bauingenieurwesens wie das Beispiel der Planung eines Wohngebäudes im Wintersemester 2020/2021 an der HCU eine wichtige „Fingerübung", vielleicht sogar mehr. Insofern sind einerseits die hier betrachteten Themenbereiche Tragwerksplanung und Baukonstruktion wichtig, andererseits aber auch nur Teilaspekte eines Ganzen.

Tragwerksplanung ist eine grundlegende Tätigkeit im Bauingenieurwesen und geht über das Erstellen von statischen Berechnungen hinaus. Tragwerksplanung erfasst neben der reinen Statik auch die Fragen der Baukonstruktion und die damit verbundenen Themen. Für die Tragwerksplanung ist es zunächst wesentlich, auf Basis der vorliegenden Objektplanung die *primäre Tragstruktur* des Gebäudes zu identifizieren und zu begreifen. Dabei spielen grundfeste Wände und Stützen als die Bauteile, die die Lasten unmittelbar in die Fundamente ableiten, die wesentliche Rolle. Solche Bauteile lassen sich relativ einfach anhand von Funktionszuweisungen finden. Maßgebend für die Aussteifung von Gebäuden, das heißt für den Lastabtrag von horizontalen Kräften aus Wind und aus der Schiefstellung von nicht lotrecht errichteten tragenden Bauteilen, sind das *Treppenhaus* und gegebenenfalls der *Aufzugsschacht*. Diese Wände sind funktionsbedingt durchgängig vorhanden und neben dem *Fundament* die Hauptbauteile auch von Hochhäusern jeder Art.

Ein weiterer Ansatz für die Festlegung von primär lastabtragenden Wänden bietet sich aus den Vorgaben des *Brand- und Schallschutzes*. Aus dem Anforderungsprofil ergeben sich vielfach Wandkonstruktionen, die per se für die Ableitung wesentlicher Lasten geeignet sind. Wände dieser Funktionszuweisung werden mindestens bis zur Decke über den Keller beziehungsweise die

Tiefgarage durchlaufen. Die DIN EN 1996-3 NA spricht bei der Zulässigkeit eines vereinfachten Nachweises der Aussteifung für einfache Gebäude von Wänden, „die ohne größere Schwächungen und ohne Versprünge bis auf die Fundamente geführt sind". Andernfalls wird häufig die Decke über die Tiefgarage als Abfangebene konzipiert oder werden die Wandlasten gezielt in Stützen im Kellergeschoss abgeleitet.

Nachdem die primäre Tragstruktur aus den lastabtragenden Wänden festgelegt ist, erfolgt die Auseinandersetzung mit deren *Materialität*. Aufgrund der Anforderungen stehen hier im Regelfall Konstruktionen aus Stahlbeton, Mauerwerk und möglicherweise Stahl oder hochfesten Laubhölzern im Vordergrund. Bei der anschließenden Betrachtung der *sekundären Tragstruktur* kann bei der Wahl von Baustoffen und Konstruktionsarten vielfach individueller auf Anforderungen der Architektur, Nachhaltigkeit und Ökonomie eingegangen werden.

Aus dem Zusammenspiel der verschiedenen Materialien und Bauteile ergeben sich dann die erforderlichen *Detaillösungen*, die das Aufgabengebiet der Tragwerksplanung um Themen der Baukonstruktion erweitern. Hierbei sind auch die Anforderungen der Bauphysik, Nachhaltigkeit und Bauökonomie umfassend zu beachten. Zwischen den Teilaspekten bestehen unmittelbare Beziehungen. Anpassungen an der einen Stelle können unerwünschte

Auswirkungen in den anderen Bereichen haben und müssen deshalb sorgfältig abgewogen werden.

Die Erfahrungen aus der eigenen gutachterlichen Tätigkeit zeigen die hohe Schadensrelevanz durch Fehler im baukonstruktiven Detail. Es ist unabdingbar, sich mit allen Merkmalen eines Details (Materialität, Statik, Brand-, Schall-, Wärme-, Tauwasserschutz) und auch darüber hinausgehenden Aspekten auseinanderzusetzen.

Der Wasserstand in Höhe der Erdgeschosssohle entspricht dem Wasserstand in dem 20 m entfernten See.

Bauschaden durch falschen Höhenbezug des Gebäudes

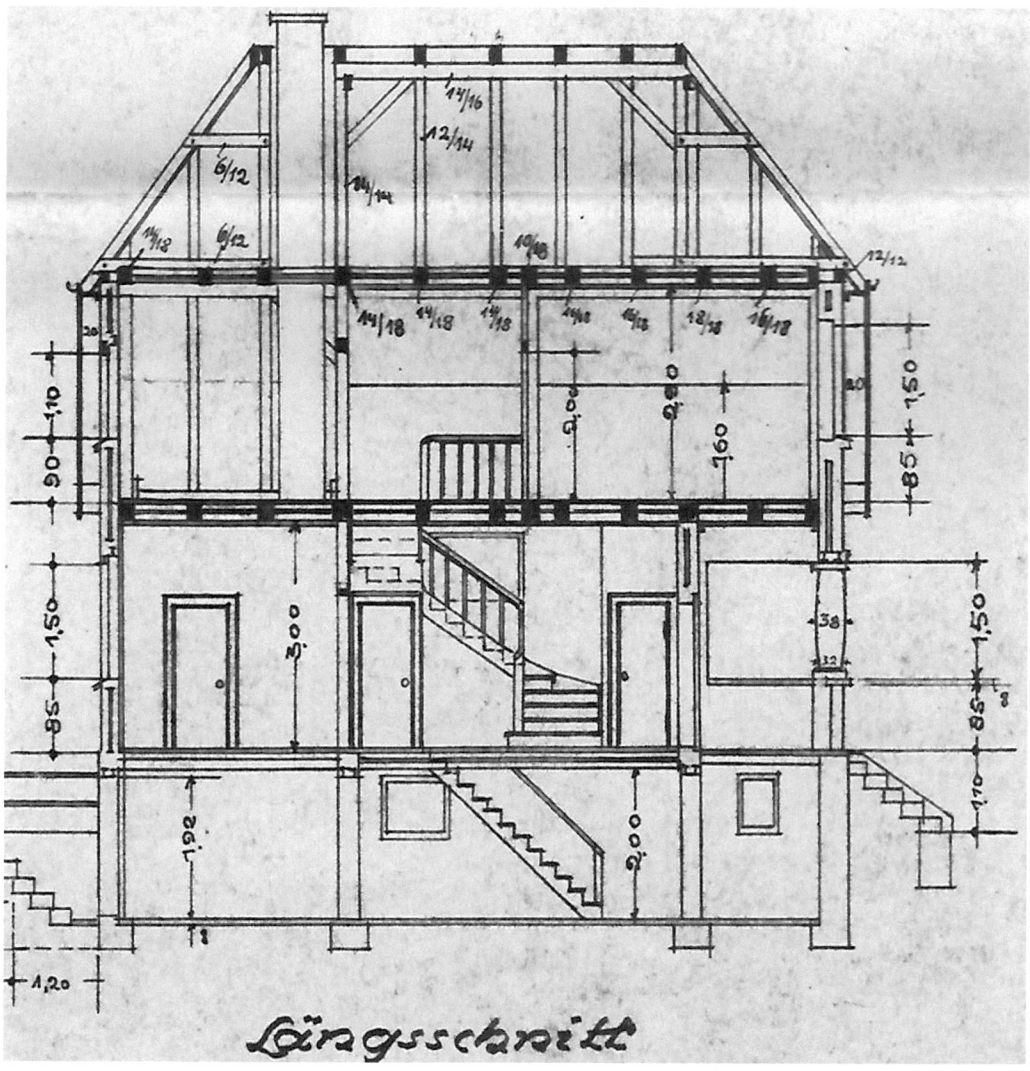

Planauszug Objektplanung Einfamilienhaus mit Querschnittsangaben

Baumeister, Architekt:innen und Ingenieur:innen früherer Generationen griffen vielfach auf langjährige Erfahrungen zurück. Die Vorgaben für den Bau eines Einfamilienhauses vor etwa 100 Jahren waren komplett auf einem Plan im Format A2 (420 mm x 594 mm)

vorhanden. Heute werden für ein vergleichbares Bauvorhaben bis zu 15 Pläne (je 4 für die Objekt- und Tragwerksplanung, 3 Bewehrungspläne, 2 Verlegepläne), ca. 150 Seiten Tragwerksplanung und ca. 20 Seiten für die energetischen Nachweise erstellt. Der Umfang resultiert aus den gestiegenen Vorgaben an die Planung. Die Sinnhaftigkeit dieser Papiermengen sollte aber hinterfragt werden. Es wird unter Umständen eine Sicherheit vorgegeben, die ein kritisches Hinterfragen von konstruktiven Lösungen unterbindet. Diese kritische Distanz muss von allen am Bau Beteiligten eingefordert werden. Studierende gilt es in der Diskussion über Detailausführungen an eine derartige Denkweise heranzuführen.

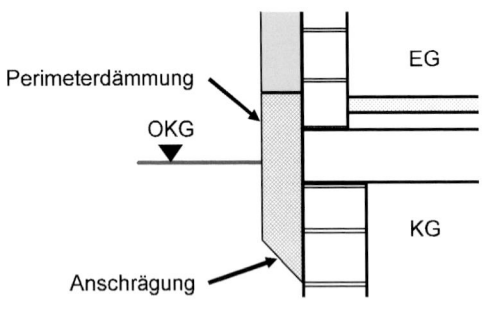

Anordnung der Wärmedämmung im Sockelbereich auf Grundlage DIN 18533

Beispielhaft sei das Sockeldetail nach DIN 18533, Bild 19 eines Wärmedämmverbundsystems mit dem Wechsel des Dämmmaterials und der Anschrägung der Sockeldämmung im Boden genannt. Thematisiert werden kann das Verhindern der Wasseraufnahme durch den Einbau einer Perimeterdämmung im Erd- und Spritzwasserbereich sowie die Sicherung des Verbundes der geklebten Dämmung am Mauerwerk gegen Abscheren durch das Hochfrieren des Bodens. Ohne Anschrägung

mit einem rechtwinkligen Abschluss drückt der hochfrierende Boden von unten gegen das Dämmmaterial.
In diesem Sinne wurde die Zusammenarbeit von Studierenden der Architektur und des Bauingenieurwesens bei der Bearbeitung begleitet. Das Ergebnis war eine vielfach differenziert überlegte Detailplanung.

Als Beispiel ist auf S. 39 ein Auszug aus den final abgegebenen Ausarbeitungen angeführt. Es sei darauf hingewiesen, dass eine Bewertung aller Einzelheiten umfangbedingt nicht möglich war.

Die Ausführungen behandeln einige Aspekte der Tragwerksplanung und Baukonstruktion, die meiner Meinung nach von grundlegender Bedeutung sind und Studierenden einen ersten Hinweis zur Herangehensweise an die Planung von Geschosswohnungsbauten geben können.

Ziel der Lehrenden der Architektur und des Bauingenieurwesens muss sein, bei den Studierenden die Lust und Neugier auf eines der interessantesten Berufsfelder zu wecken und auszubauen.

1. Geschossdecke

Parkett	10 mm
Zementestrich	50 mm
Abdichtung	-
Trittschalldämmung WLG 035	40 mm
Splittschüttung, Splitt 5/8, dauerelastisch verbunden	120 mm
Rieselschutz	-
Brettsperrholz, 5-lagig	180 mm

2. Brandriegel

Brandschutzschürze im
Geschossübergangsbereich
Auskragung 50 mm
Dicke mind. 0,8 mm

Abdeckung der Hirnholzflächen

Folie einlegen an Stirnseite
der Geschossdecke

Dreischichtplatte vorsetzen,
max. Schraubenabstand 400 mm

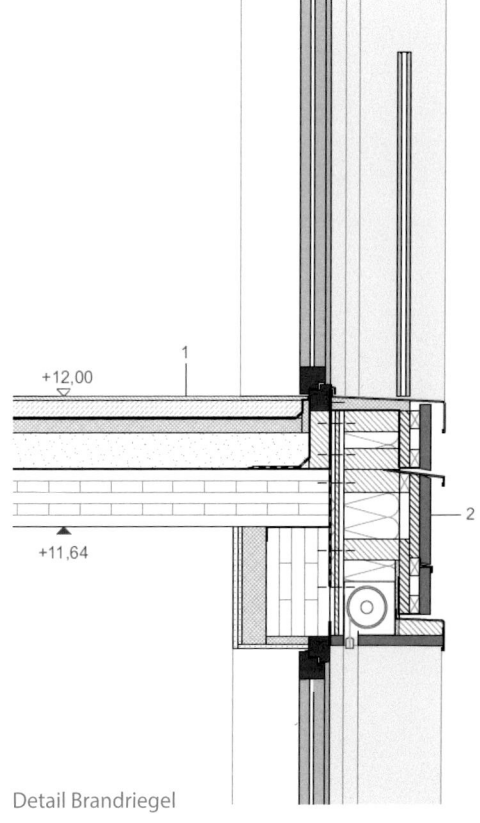

Detail Brandriegel

„Königsdisziplin"
Wohnungsbau

Wohnungsbau – die „Königsdisziplin" der Architektur

Frank Buken

Bei der Planung von Geschosswohnungsbau haben wir es immer mit einem städtebaulichen Kontext zu tun. Wir versuchen, analytisch, prozesshaft und ganzheitlich im Sinne eines städtebaulichen Leitbilds zu agieren, gehen Kooperationen mit Projektpartner:innen ein und tragen unsere Ergebnisse in die Öffentlichkeit.

Unser planerisches Handeln unterliegt im Wesentlichen folgenden Faktoren:

» Konstante und Variable sind bereits in den Entwurf zu integrieren.

» Vorhandene Typologien müssen analysiert und verstanden, neue, belastbare Typologien entwickelt und in das Entwurfsrepertoire integriert werden.

» Auf der ökonomischen Ebene gilt es die Kosten und die Ökologie des Wohnens unter Berücksichtigung der sozialen und wohnwirtschaftlichen Kriterien möglichst effizient zu planen.

» Auf der sozialwissenschaftlichen Ebene haben wir uns mit der Soziologie des Wohnens, das heißt, den unterschiedlichen Wohnbedürfnissen und dem unterschiedlichen Wohnverhalten zu befassen.

Wohnen – keine andere Nutzung prägt die Soziokultur eines Menschen mehr. Keine andere Nutzung prägt das Lebensumfeld und spiegelt den Status eines Menschen so sehr wider wie das Wohnen. Jeder wohnt. Jeder Mensch ist individuell und kann je nach sozialem Status selbst entscheiden, wie und wo er lebt und wohnt. Insofern prägen neben den gesetzlichen Vorgaben unterschiedlichste individuelle Bedürfnisse den Wohnraum, den es durch die Architekt:innen zu entwickeln gilt.

Für Projektentwickler:innen sind wir Architekt:innen diejenigen, die nicht immer das tun, was sie sagen, weil wir uns häufig nicht so gut mit den Zahlen auskennen. Die Projektentwickler:innen kommen mit einer Idee auf uns zu, aus der wir ein funktionierendes Konzept generieren sollen, das sich einerseits gut verkaufen lässt, anderseits aber so gut wie nichts kosten darf.

Formale Aspekte einer Planung

Bei unserer Arbeit spielen viele Aspekte eine Rolle, allen voran die Frage der *Nutzung*. Dann die Frage des *Baurechts*, das uns in der Gestaltung oftmals einschränkt und den Entwurf stark beeinflusst. Es gibt Bebauungspläne, es gibt das Baugesetzbuch, es gibt Verordnungen und Richtlinien, es gibt das Landesbaurecht – all das schränkt Architekt:innen in der Planung ein, das heißt, nicht jede Idee kann auf einem Grundstück ohne Einschränkungen realisiert werden. Der Bebauungsplan gibt in der Regel die Grundflächenzahl (GRZ) und Geschossflächenzahl (GFZ) vor. Diese gilt es in der Planung einzuhalten, sofern der Bebauungsplan nicht bereits länger als 10 Jahre rechtskräftig ist und die politischen Absichten zur Förderung von bestimmten Nutzungen im Planungsgebiet sich nicht im Wandel befinden.

Existiert ein älteres Baurecht oder liegt kein Bebauungsplan als baurechtliche Grundlage vor, sind sowohl Kreativität und konzeptionelle Stärke als auch Überzeugungskraft nötig. In diesem Fall muss der Entwurf sich in der Art und dem Maß der baulichen Nutzung in die Umgebung einfügen (§34 BauGB). Auch in diesem Fall stellt sich die Frage, ob politisch eine Verdichtung und/oder eine Nutzungsänderung gewünscht ist. Im Falle eines geltenden Bebauungsplans ist eine Befreiung von den Festsetzungen erforderlich, die aufgrund einer Vielzahl von Beteiligungen und mitentscheidenden Interessen oftmals schwierig wird. Bei einer Planung in einem Gebiet mit §34 BauGB sind wiederum die Stärke des Entwurfs und die Überzeugungskraft der Architekt:innen notwendig, um ein möglichst gutes Ergebnis für die/den Bauherr:in zu erzie-

len, aber auch eine entsprechend gute städtebauliche Lösung für den Ort zu finden. Nicht immer geht es somit ausschließlich nur um Fragen wie:

» Passt das auf das Grundstück?

» Ist die Effizienz gewährleistet?

» Sind an dieser oder jener Stelle GFZ oder GRZ ausreichend?

Das alles muss zwar genau nachgewiesen und berechnet werden, die Kunst besteht allerdings darin, die Bebauungsdichte aus der Umgebung im Sinne einer Nachverdichtung zu erhöhen bzw. zu optimieren und die Zulässigkeit mit den verantwortlichen Gremien zu diskutieren, um am Ende eine städtebaulich und ästhetisch ansprechende Lösung zu finden.

Natürlich wird ein Konzept erst dann zu einem Bauvorhaben, wenn die *Wirtschaftlichkeit* durch eine hohe Effizienz erreicht wird und die Budgetvorgaben eingehalten wurden. Aus diesem Grund scheitern Projekte oftmals schon in der konzeptionellen Phase.

Häufig scheitert ein Projekt aber auch an viel einfacheren Sachverhalten als dem Baurecht, der städtebaulichen Qualität oder der Wirtschaftlichkeit, zum Beispiel an der Frage der *Stellplätze*:

» Kann ich alle vorgeschriebenen Stellplätze nachweisen?

» Kann und darf ich eine Tiefgarage planen oder nicht?

Häufig wird zusätzlich vernachlässigt, dass außer den Stellplätzen für Pkw auch Fahrradstellplätze und Nebenräume, zum Beispiel Abstellräume und Räume für die Haustechnik, vorgesehen werden müssen.

Natürlich geht es auch immer um die *Statik* und um die Integration der erforderlichen *Haustechnik*. Oft sind in der Planungsphase Stützen im Weg oder die Anforderungen an die Größe der Haustechnikräume zu hoch. Dann muss man gegebenenfalls wieder neu anfangen zu planen beziehungsweise das Konzept grundlegend ändern. Gerade mit den Fachplaner:innen müssen ein reger Austausch und Abstimmungsbedarf stattfinden, damit das Konzept umsetzbar gestaltet werden kann.

Ein weiterer wichtiger Punkt in der Planung der Architekt:innen ist die *Barrierefreiheit*. Generell wird unterschieden zwischen der Barrierefreiheit für motorisch eingeschränkte Menschen und der Behindertengerechtigkeit für auf den Rollstuhl angewiesene Menschen. Ein Gebäude muss ebenso wie die Etagenwohnungen in einem Geschosswohnungsbau immer barrierefrei – also stufenlos – für alle Personen erschlossen werden können. Innerhalb der Wohneinheit gibt es weitere Anforderungen an Flur- und Türbreiten,

Abstände zwischen den Sanitärobjekten sowie Abstände vor und zwischen Möbelstücken, die zu einer Grundmöblierung gehören wie zum Beispiel eine Kochzeile oder ein Bett. Diese Anforderungen sind in der *DIN 18040/2* festgelegt und je nach Bauordnung des Landes für einen Bruchteil der Wohnungen anzuwenden. In der *DIN 18040/2-R* sind wiederum die Erfordernisse für eine behindertengerechte Wohnung zusammengefasst. Hier sind die Anforderungen und auch der Platzbedarf innerhalb einer Wohnung deutlich größer als bei einer Barrierefreiheit. Es muss schließlich mit einem Rollstuhl in der Wohnung manövriert werden. Dies hat Auswirkungen auf alle Räume, vor allem auf das Bad, das annähernd doppelt so groß geplant werden muss wie ein vergleichbares konventionelles Bad.

Aufgrund des höheren Platzbedarfs für barrierefreie oder behindertengerechte Wohnungen sind zum Beispiel in den Förderrichtlinien der IFB (Investitions- und Förderbank) für den geförderten Wohnungsbau Bonusflächen von je 5 m^2 vorgesehen. So darf eine barrierefreie Wohnung das Höchstmaß an Wohnfläche um 5 m^2, eine behindertengerechte Wohnung um 10 m^2 überschreiten. Diese Flächen haben sich in der Praxis bewährt und sollten bei der Planung immer berücksichtigt werden.

Sind in der Landesbauordnung sowohl barrierefreie als auch behindertengerechte Wohnungen gefordert, ist es rat-

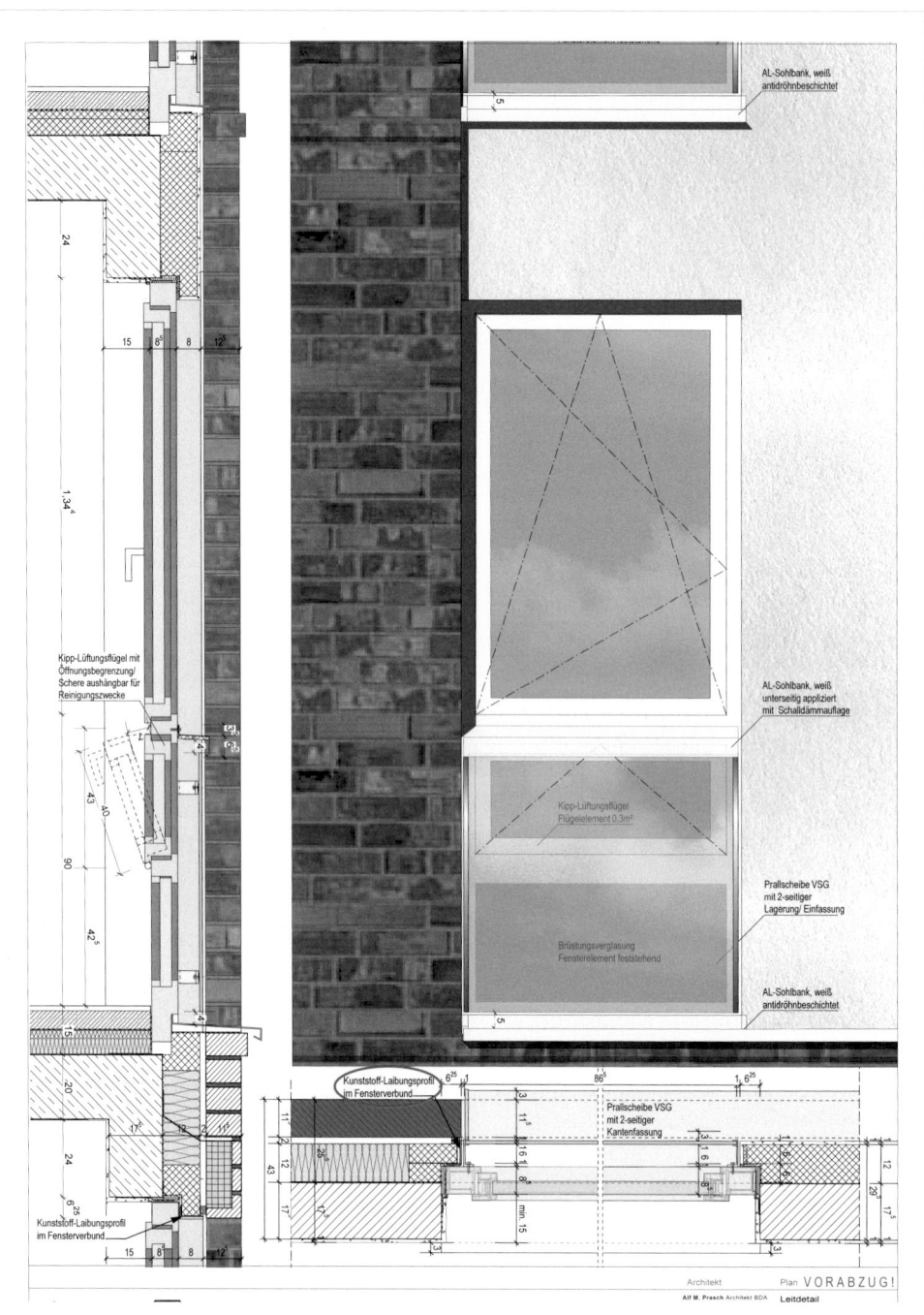

AL-Sohlbank, weiß
antidröhnbeschichtet

24

15 8⁵ 8 12⁵

1,34⁴

Kipp-Lüftungsflügel mit
Öffnungsbegrenzung/
Schere aushängbar für
Reinigungszwecke

43 40

90

42⁵

15

20

17⁶ 12 11

24 6²⁵

Kunststoff-Laibungsprofil
im Fensterverbund

15 8⁵ 8 12⁵

AL-Sohlbank, weiß
unterseitig appliziert
mit Schalldämmauflage

Kipp-Lüftungsflügel
Flügelelement 0.3m²

Prallscheibe VSG
mit 2-seitiger
Lagerung/ Einfassung

Brüstungsverglasung
Fensterelement feststehend

AL-Sohlbank, weiß
antidröhnbeschichtet

Kunststoff-Laibungsprofil
im Fensterverbund

6²⁵

86⁵ 1. 6²⁵

Prallscheibe VSG
mit 2-seitiger
Kantenfassung

43⁵ 17

min. 15

12 29 17⁵

Architekt   Plan V O R A B Z U G !
Alf M. Prasch Architekt BDA   Leitdetail

Leitdetail Schallschutzfenster

sam, die behindertengerechten Wohnungen nach Möglichkeit in das ebenerdige Geschoss zu legen, nicht nur, weil es am logischsten klingt, sondern weil die Erschließung einer behindertengerechten Wohnung im Gebäude mit Veränderungen an den Treppenhäusern (zwei Handläufe, größerer Raumbedarf für taktile Anforderungen) und am Aufzug verbunden ist.

Weitere den Entwurf stark beeinflussende Aspekte sind die ausreichende Anzahl an *Rettungswegen*, die Ermöglichung des *Anleiterns* und die Gewährleistung des *Brandschutzes*.

Auch *Ökologie und Nachhaltigkeit* eines Gebäudes sind im Laufe der Jahre immer wichtiger geworden und entwickeln sich ständig weiter. Die Klimaschutzverordnung, die sich kontinuierlich verschärfende Energieeinsparverordnungen prägen die Planungen immer mehr und haben auch Einfluss auf die Vorgaben in Ausschreibungen, in denen höhere Werte festgelegt sind. Immer öfter legen sich Bauherr:innen freiwillig auf einen generell höheren Standard für das Gebäude fest, um für die Vermarktung des Gebäudes am jeweiligen Standort einen Vorteil zu erzielen. Gleiches gilt für die Nachhaltigkeitszertifizierung, die zu Recht immer wichtiger wird und auch verstärkt nachgefragt ist.

Ein weiteres Thema, das man häufig erst viel zu spät in die Planung integriert, ist das *Fassadenreinigungskonzept*. Es gibt nur selten Bauherr:innen oder Gebäudeeigentümer:innen, die Geld für die Fassadenreinigung ausgeben wollen. Auch diese Kosten spiegeln sich in den Nebenkosten wider. Im Wohnungsbau werden die Fassaden zu 95 % so entwickelt, dass die Bewohner:innen das Fenster selbst putzen können. Sieht der Entwurf 3 m x 3 m hohe Fenster und einen inneren Öffnungsflügel von 1 m vor, kann das Fenster zwar von innen, aber nicht von außen gereinigt werden. Deswegen sehen die Fenster in der Realität oftmals nicht so schön aus wie in der Wettbewerbsvisualisierung dargestellt. Um die Fenster auch von außen reinigen zu können, kommen Teilungen hinzu, also Öffnungsflügel und links und rechts davon die Festverglasung, die an beiden Seiten nur max. 60 cm breit sein darf, sodass man sich zum Putzen nicht aus dem Fenster lehnen muss. Das sind Argumente und Vorschriften, die zwar erst zu einem späteren Zeitpunkt eine Rolle spielen, sollten den Architekt:innen aber schon in einer frühen Planungsphase gewärtig sein, damit ihr schöne Fassadenidee nicht an dieser Anforderung scheitert.

Was bei der Planung auch gern vergessen wird, ist das *Entsorgungskonzept*. Gerade im Untergeschoss, wo zunächst nur der Stellplatzbedarf in der Tiefgarage nachgewiesen wird, wird bis zusätzlich ein Drittel der Fläche für die Abstellräume der Wohnungen, für Fahrradräume sowie für einen *Müllraum* benötigt. Falls die Mülltonnen nicht auf einer Fläche im Außenraum platziert werden können, was in der Innenstadt oft nicht möglich ist, ist ein Konzept erforderlich.

» Holt der Entsorger die Mülltonnen ab?

» Wie kommt er ins Haus?

» Ist der Aufzug zu weit entfernt oder, falls der Raum im Untergeschoss ist, gibt es einen Hausmeister, der die Mülltonnen zur Abholzeit über eine Rampe nach oben schiebt, oder wie kommt der Entsorger an den Müll?

Die Planung der Entsorgung ist wie die anderen Planungsbestandteile auch eine Kostenfrage, weil beispielsweise ein Entsorger immer nur eine gewisse Strecke mit den Gebühren abgedeckt hat und ab einer gewissen Strecke zusätzliche Gebühren verlangt. Das spiegelt sich dann wiederum in den Nebenkosten bzw. in den laufenden Kosten des Projekts wider. Insofern gilt es auch dieses Thema bei der Planung zu berücksichtigen.

Und nicht zuletzt – vor allem, wenn man es mit renditevergleichenden Bauherr:innen zu tun hat – stellt sich die Frage der *Wirtschaftlichkeit*:

» Was kostet das Ganze?

» Sind wir im Budget oder bereits darüber hinaus?

Bereits in der Verhandlungs- und Konzeptphase entsteht Druck bezüglich der Einhaltung, wenn nicht sogar Reduzierung des Budgets. Hier gibt es zwei wirksame Stellschrauben: entweder den Entwurf in der Materialität und Verspieltheit und somit meist auch in der Attraktivität reduzieren oder die Effizienz steigern. Wir entscheiden uns in der Regel für die Steigerung der Effizienz, damit der Entwurf im äußeren Erscheinungsbild erhalten bleiben kann. Mit der Steigerung der Effizienz steigen aber auch die Begehrlichkeiten der Bauherr:innen für Folgeprojekte. Hier wird dann direkt eine zuletzt erreichte Effizienz vorausgesetzt.

Wohngebäude zu planen ist bei allen Einschränkungen und Festlegungen noch schwieriger, da die Entwicklung der passenden Wohnform für Einzelpersonen, die Familie, die Wohngemeinschaften oder Pflegeeinrichtungen sowie deren Mischungsverhältnis untereinander und die Verträglichkeit mit anderen Nutzungen, beispielsweise Gewerbe, am passenden Ort eine hoch sensible Aufgabe ist. Einmal geplant, prägen die Bewohner:innen ein Wohngebiet. Je nach *Lage, Dichte und Verhältnis der unterschiedlichen Wohnformen* entscheidet sich, ob ein Wohngebiet ausgewogen geplant ist oder zum sozialen Brennpunkt wird. Die Verantwortung der Stadtplaner:innen und Architekt:innen ist groß, und auch der Einfluss der Politik ist nicht zu unterschätzen.

Reinigungsplan: Reinigung innen bzw. vom EG oder Balkon   Reinigung Hubsteiger   Reinigung Industriekletterer

Wie die Wahl der richtigen Nutzungen und des richtigen Verhältnisses der Wohnformen im großen Maßstab, so ist es die richtige Wahl des *Wohnungsschlüssels* im kleineren. Hier ist es entscheidend, eine ausgewogene Mischung zwischen kleinen Wohnungen für Singlehaushalte, Alleinerziehende, Senior:innen und Mehrraumwohnungen für Familien und Wohngemeinschaften zu schaffen, um einerseits je nach Lage auf die Bedarfe einzugehen und anderseits Konfliktpotenzial im Gebäude zu vermeiden.

Ein gutes Beispiel hierfür ist die Quartiersentwicklung VIERZIG 549 am Forum Oberkassel in Düsseldorf-Heerdt. Hier musste ein Wohngebiet mit ca. 1.400 Wohnungen inmitten eines ehemaligen Industriestandorts annähernd wie ein autark funktionierender Stadtteil geplant werden. So wurde beim Wohnungs-

schlüssel auf Ausgewogenheit zwischen großen und kleinen Wohnungen im Baublock geachtet und in Mischgebieten eine dienende Infrastruktur geplant. Darüber hinaus wurde durch Grünflächen und urban anmutende Flächen eine städtische Struktur geschaffen. Eine (freiwillige) Verpflichtung zum Bau eines Anteils an *sozial geförderten Wohnungen* ist zudem Ausdruck einer Integration ins städtische Gefüge. Zum Planungszeit war rechtlich noch kein sozialer Wohnungsbau verpflichtend; dieser hat sich mittlerweile in Düsseldorf etabliert. Die Baublöcke und die Gebäude haben, wie auch die Wohnungen selbst, halböffentlicheund private Wohnbereiche, die wie die öffentlichen und halböffentlichen Außenbereiche intelligent zoniert sind, damit gerade bei Mehrraumwohnungen aufgrund der Anzahl, der unterschiedlichen Interessen sowie des unterschiedlichen Alters der Bewohner:innen

Konfliktpotenzial reduziert und ein angenehmes Zusammenleben innerhalb einer Wohnung ermöglicht wird. So kann man im Beispielgrundriss 4-Zimmer-Wohnung Bülauquartier klar einen öffentlichen Bereich wie die Diele, das Gäste-WC und den Wohn-/Essbereich ablesen. Ein privater Bereich ist durch das Einplanen eines vom Wohnbereich aus zu erreichenden privaten Korridors zusammengefasst und vom halböffentlichen Bereich getrennt.

Da jede Planung immer auch einer Renditeerwartung und einer *Budgetvorgabe* der Bauherr:innen unterliegt, sind auch unter Kostendruck alle Bedürfnisse zu erfüllen.

Lage, Effizienz, Budget und auch der Anteil an Wohnbauförderung haben Einfluss auf den Entwurf eines Wohngebäudes und damit auch auf die demografische und soziale Durchmischung der Bewohner:innen. Die ohnehin schon gegebene Komplexität wird somit zusätzlich noch in ein meist enges finanzielles Korsett gepresst, damit städtischer Wohnungsbau weiterhin bezahlbar bleibt und der Einfluss auf das soziokulturelle Umfeld nicht in einer Gentrifizierung mündet.

FAZIT

Architekt:innen haben im großen wie auch im kleinen Maßstab mit ihrer Planung Einfluss auf den sozialen Frieden innerhalb einer Wohnung, eines Gebäudes und eines Wohngebietes. Allein diese Verantwortung macht neben dem zu berücksichtigenden gesunden Lebensumfeld und der Einhaltung aller Normen und Gesetze die Planung von Wohngebäuden zur „Königsdisziplin".

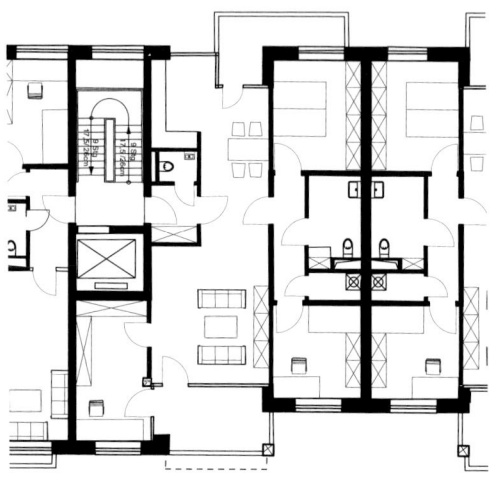

Grundriss 4-Zimmer-Wohnung Bülauquartier

Beispiele für Wohnungsbauprojekte

Integration / Aufstockung von denkmalgeschützten Gebäuden

Bei meinem ersten Wohnungsbauprojekt in Hamburg wurde ich gleich ins kalte Wasser geschmissen. Nach Beendigung meines Studiums und einer einjährigen Einstellung für ein kleines Architekturbüro hatte ich bisher nur Einfamilienhäuser für einen Fertighaushersteller entworfen. Das Projekt, für das bereits ein Vorbescheid vorlag, sah circa 120 Wohneinheiten und einen Einzelhandel (Vollsortimenter) im Erdgeschoss vor. Zudem mussten gemäß Vorbescheid aus Denkmalschutzgründen zwei Gebäude komplett erhalten bleiben. Hier war es meine erste Aufgabe, den Vorbescheid und die bisherige Planung auf ihre Umsetzbarkeit hin zu prüfen. Genauso katastrophal wie der Vorbescheid war auch die Planung. Wir waren dazu gezwungen, den Entwurf zu ändern und an die aktuellen Bedürfnisse anzupassen. Neben der absoluten Höhe des Gebäudes waren auch die funktionalen Höhen der Nahversorgungsnutzung nicht umsetzbar.

Eine Auflage für ein denkmalgeschütztes Gebäude konnten wir während der Genehmigungsphase aus dem Weg räumen. Gemeinsam mit dem zuständigen Denkmalschützer erreichten wir, dass wir nur die Fassade erhalten mussten. Wir entkernten das Innere und bauten es neu auf. Dies war funktional und bautechnisch deutlich einfacher, als

die vorhandene Konstruktion umzunutzen und zu integrieren. Bei dem zweiten Bestandsgebäude ist uns ein sichtbarer Fehler unterlaufen. Die Traufhöhen des denkmalgeschützten Gebäudes sollten mit unseren flankierenden Gebäudeteilen korrespondieren, doch da sich der Vermesser des Bestandsgebäudes bei der Traufkantenhöhe um einen Meter vermessen hatte und wir uns an seinen Angaben orientiert hatten, wurde unser Gebäude um einen Meter höher als das Bestandsgebäude. Jedes Mal, wenn ich daran vorbeifahre, ärgere ich mich darüber, dass Alt- und Neubau nicht wie geplant auf einer Höhe liegen, und auch über die hellroten Eternitelemente rege ich mich jedes Mal wieder auf. Unser Büro war leider nicht mit der Ausführungsplanung beauftragt worden. Der ausführende Architekt hatte sich mit dem Bauherrn für dieses helle Rot entschieden, das gemäß unseres Entwurfs weinrot oder klinkerfarben, auf jeden Fall ein dunklerer Farbton sein sollte. Ich war sehr enttäuscht darüber, als Entwurfsarchitekt nicht, wie üblich, in die Entscheidung mit eingebunden worden zu sein.

Es ist also nicht immer alles schlecht geplant. Nicht immer ist die/der Architekt:in, die/der das Gebäude entworfen hat, auch verantwortlich für Fehler der Fach- und Ausführungsplaner:innen.

„Gebrauchsarchitektur" – Geförderter (sozialer) Wohnungsbau und Flüchtlingsunterkünfte

Flüchtlinge werden nach ihrer Ankunft in Erstaufnahme-Einrichtungen, in der Regel in Wohncontainern, und sobald sie das Bleiberecht erworben haben, in Folgeunterkünften untergebracht. In Hamburg wurden im Zusammenhang mit der Flüchtlingskrise 2015 viele Grundstücke auf ihre Geeignetheit für Folgeunterkünfte hin analysiert. Davon wurde nur ein Bruchteil der Grundstücke für Flüchtlingsunterkünfte ausgewählt. Der Bau von Flüchtlingsunterkünften auf den anderen dafür vorgesehenen Grundstücken scheiterte meist an den Einsprüchen der Nachbar:innen, an der fehlenden Eignung oder am fehlenden Baurecht.

Prasch buken partner architekten realisierte Flüchtlingsunterkünfte auf zwei dieser Grundstücke, davon eines in Hamburg-Rehagen und das andere in der Nähe des Flughafens, das heißt, es wurde sozialer Wohnungsbau dort betrieben, wo normalerweise nicht gebaut werden darf. Das wurde per § 246 BauGB legitimiert und der Bebauungsplan parallel zu Planung erstellt – ein spezielles Thema, dessen Behandlung an dieser Stelle zu weit führen würde. Das Klischee, Sozial- oder Flüchtlingswohnungen seien keine „normalen" Wohnungen, trifft nicht zu. Sozial- oder Flüchtlingswohnungen werden als ganz „normale" Wohnungen gebaut und

nach dem Auslaufen der mittlerweile zwanzigjährigen Bindung auf dem freien Wohnungsmarkt angeboten. Insgesamt bauten wir 364 sogenannte Nutzungseinheiten, und noch einmal so viele sind in Planung, sodass ungefähr 3.500 Flüchtlinge darin unterkommen können. Man spricht in diesem Zusammenhang von Nutzungseinheiten und nicht von Wohneinheiten, da in die für Flüchtlinge vorgehaltene Wohnungen in der Regel mehr Personen einziehen, als im sozialen Wohnungsbau üblicherweise vorgesehen sind. Eine Zwei-Personen-Wohnung des geförderten Wohnungsbaus wird häufig von drei oder vier Flüchtlingen bewohnt.

Projekt	Realisierung
Bülauquartier	2011

Bauherr	BGF
GS-Bau GmbH	13.000 m²

Standort	Baukosten
Hamburg	20 Mio. €

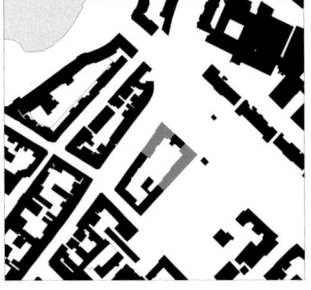

Grundriss 1.OG

Grundriss EG

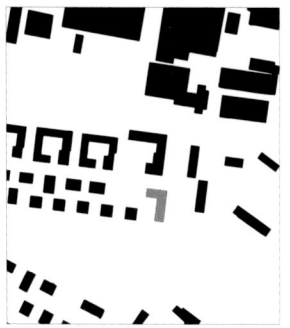

Projekt	Realisierung
Parklogen Funkkaserne	**2018**
Bauherr	BGF
LIP Wohnungsbaugesell-schaft Mbh & Co. Kg	**5.300 m²**
Standort	Baukosten
München-Schwabing	**4,8 Mio. €**

Zum Kostenvergleich unser 2016 realisiertes Wohnbauprojekt in München-Schwabing (ehemals Funk-kaserne): Während im geförderten Wohnungsbau die Miete sechs bis sieben Euro pro Quadratmeter Wohn-fläche kostet, zahlt man in München eine Miete von 22 Euro pro Quadratme-ter, und wenn man eine Wohnung kau-fen möchte, muss man mit mindestens 6.000 bis 7.000 Euro pro Quadratmeter rechnen. Die Besonderheit bei diesem Wohnungsbauprojekt war, dass wir das Gebäude als Passivhaus mit 15 Prozent nachwachsenden Rohstoffen bauen mussten. Das Grundgerüst ist aus Beton, die Fassade aus Holzbauelementen, und auf dem Dach befindet sich eine Fotovoltaikanlage – das Gebäude hat also alles, was ein Gebäude heutzutage nachhaltig macht. Das war nicht gerade billig und verdankt sich dem Umstand, dass der Investor im Bewerbungsver-fahren den Nachhaltigkeitskriterien in allen Punkten zugestimmt hatte, weil er das Grundstück, dessen Vergabe nach einem Punktesystem erfolgte, unbedingt haben wollte.

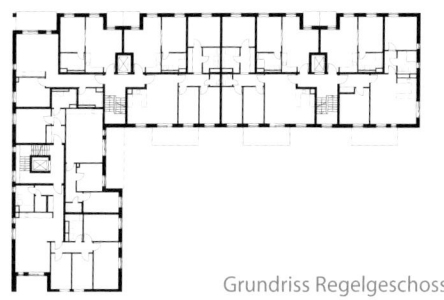

Grundriss Regelgeschoss

Projekt	Realisierung
Suttnerpark	**2014**
Bauherr	BGF
SAGA	**23.500 m²**
Standort	Baukosten
Hamburg	**30 Mio. €**

Ein weiteres Projekt des geförderten Wohnungsbaus befindet sich in Hamburg-Altona an der Kreuzung Max-Brauer-Allee/Holstenstraße. In dieser Lage bestand die Schwierigkeit darin, zu 67 % geförderten Wohnungsbau zu planen. Üblicherweise sind in Hamburg beim Wohnungsbau 33 % geförderte Wohnungen einzuplanen. Mit diesem Projekt realisierten wir damals noch im Büro nps tchoban voss 165 Wohnungen, von denen circa 110 als geförderte Wohnungen vermietet worden sind. Das Projekt rechnete sich für den Bauherrn lediglich durch den Vollsortimenter im Erdgeschoss; nur durch seine Miete konnte sich das Projekt refinanzieren.

Im Gegensatz zu einer frei finanzierten Mietwohnung hat man im geförderten Wohnungsbau Anspruch auf einen Balkon oder Freisitz. Da im geförderten Wohnungsbau die Mindestbalkongröße festgelegt ist, sind bei diesem Projekt viele Balkone geplant worden. Um Monotonie in der Fassade zu verhindern, versuchten wir, die Fassade mit unterschiedlichen Balkongeländern aufzulockern und auch die Sockelzone als Kontrast zur Fassade zu gestalten.

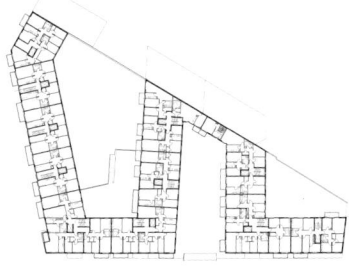

Grundriss 2. OG

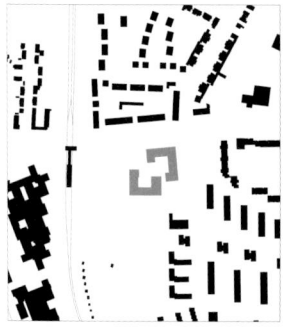

Projekt	Realisierung
Flughafenstraße	2018
Bauherr	BGF
Quantum Projekt-entwicklung GmbH	12.990 m²
Standort	Baukosten
Hamburg	13 Mio. €

Bei einem weiteren Projekt, einem Gebäude an der Flughafenstraße, handelt es sich im Prinzip um das gleiche Haus, die gleichen Grundrisse in leicht abgewandelter Form. Da hier etwas mehr Budget zur Verfügung stand, konnte zumindest die Außenfassade komplett in Klinker geplant werden, während die anderen Fassaden aus Kostengründen verputzt und nur gestrichen sind. Sagt man uns, eine komplette Klinkerfassade sei viel zu teuer, schlagen wir als Kompromiss vor, wenigstens die sichtbare Außenfassade zu verklinkern und die Innenfassade, die zum Innenhof hin sowieso hell sein soll, zu verputzen und hell zu streichen, sofern das städtebaulich zulässig und ein Innenhof ablesbar ist, anstatt mit Klinkerriemchen zu arbeiten oder die Optik der Hauptfassade durch große Putzflächen zu stören.

Grundriss EG

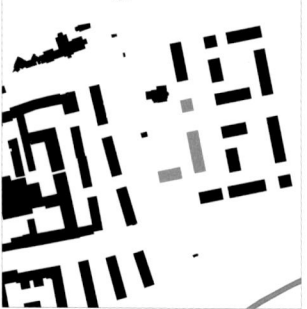

Projekt	Realisierung
Friedrichsberger Straße	**2013**
Bauherr	BGF
SAGA	**5.900 m²**
Standort	Baukosten
Hamburg	**4,85 Mio. €**

2010 hatten wir einen Wettbewerb für ein Passivhaus für die SAGA als Bauherrin gewonnen. Das gesamte Gebäude war mit der Maßgabe Passivhaus für geförderten Wohnungsbau, den die SAGA in den meisten Fällen betreibt, überaus schwierig zu planen und verursachte so hohe Kosten, dass die SAGA davon Abstand nahm, dort ein weiteres Projekt zu realisieren. Für uns jedoch war das Vorhaben sehr lehrreich. Wettbewerbsverfahren garantieren trotz enger Budgetvorgaben architektonische Qualität. Auf diesem Weg sichert sich die Stadt eine architektonisch hochwertige Stadtarchitektur, obwohl diese nicht ausschließlich nach wirtschaftlichen Maßstäben konzipiert wurde. Eine/Einen guten Architekt:in zeichnet aus, mit einer solchen Situation umgehen zu können und trotz der knappen Budgetvorgaben ein architektonisch gutes Gebäude zu entwerfen.

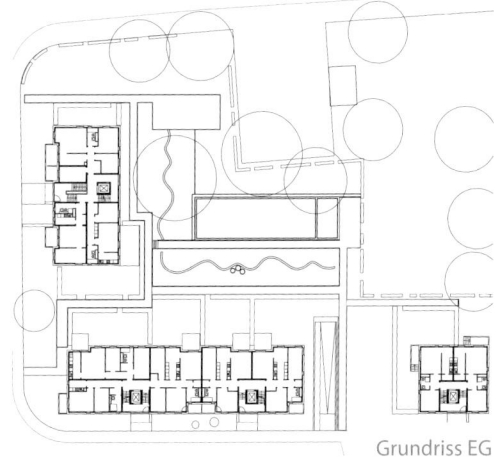

Grundriss EG

Projekt	Realisierung
Wohnungen und Kita	**in Bau**
Bauherr	BGF
Grundstücksgesellschaft Friedenstraße mbH & Co. KG	**12.990 m²**
Standort	Baukosten
Berlin-Friedrichshain	**13 Mio. €**

Für circa 400 Wohnungen in Berlin-Friedrichshain wurde ein Brauereigelände freigemacht. Außer dem Gebäude mit dem Brauereigewölbe, in das eine Kita einziehen sollte – das war die Grundvoraussetzung, um auf dem Brauereigelände überhaupt Wohnungen bauen zu dürfen –, wurde alles bis auf einen Teil des Geländes, der als Referenz für den Bestand freigehalten werden musste, abgerissen. Für dieses Projekt, das wir in Kooperation mit TCHOBAN VOSS Architekten realisieren wollten, schrieben wir auf Wunsch der Stadt einen internen Wettbewerb aus, an dem noch andere Architekt:innen teilnahmen. Auf dem Gelände sollte ein lebendiges Quartier entstehen. Die Stadt wollte Häuser mit unterschiedlicher Architektur. Die Entscheidung über die Preisträger:innen und die Architektur ist immer auch eine Mehrheitsentscheidung. Dies galt ebenso für diesen Wettbewerb, bei dem ich auch als Jurymitglied teilgenommen hatte.

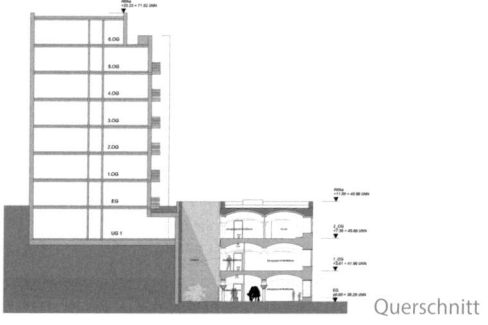

Querschnitt

Projekt	Realisierung
Buckhörner Moor	**2021**
Bauherr	BGF
Richard Ditting GmbH	**13.600 m²**
Standort	Baukosten
Norderstedt	**14,2 Mio. €**

Man erlebt immer wieder Erstaunliches. Die oberste Denkmalbehörde hatte sich zu der Fassade des Gewölbehauses, von der wir niemals gedacht hätten, dass sie unter Denkmalschutz steht, in überaus blumigen Worten geäußert. Wir mussten jeden Stein in seinem Originalzustand erhalten. Alles bis auf eine Wand und das Gewölbe, das einsturzgefährdet war, weil die anderen Wände entfernt worden waren, wurde abgerissen und das Gewölbe in ein Korsett gesetzt.

Beim Projekt Wohnen am Buckhörner Moor im Norden Hamburgs sind wir im Zuge der „Wohnraumbeschaffung ohne Flächenfraß" neue Wege gegangen. Das Nebeneinander unterschiedlicher Wohntypologien erzeugt hier die Einheit eines Wohnhofs. Geschosswohnungsbau mit gefördertem Wohnanteil, unterschiedliche Reihenhaustypologien und Mehrgenerationenhäuser bilden eine bauliche Einheit und die Möglichkeit eines sozialen Miteinanders.

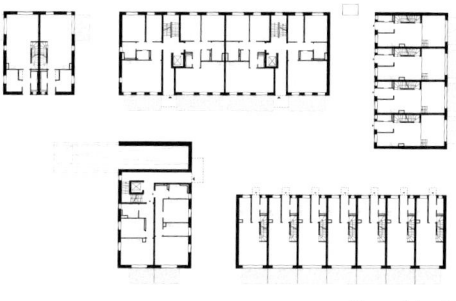

Grundriss EG

Fassadendetail Buckhörner Moor

Wie entsteht ein Projekt?

Wie entsteht ein Projekt?
Essentials für erfolgreiches Entwerfen

Frank Buken

Ein zu realisierendes architektonisches Projekt hat viele Teilnehmende, die am Anfang der Planung möglicherweise noch nicht feststehen. Welche Projektbeteiligten müssen Architekt:innen koordinieren? Welche Fachplanungen sind in welcher Reihenfolge für einen flüssigen Projektablauf notwendig? Projekte entstehen nicht von heute auf morgen. Es dauert oft Jahre, bis sie eine Realisierungstiefe erreicht haben. Doch davon darf man sich nicht entmutigen lassen.

1. Auftragsbeschaffung/ Grundlagenermittlung

» Wann beginnt ein Projekt in einem Architekturbüro?

Ein Projekt beginnt
A) damit, dass eine Bauherr:in/Investor:in (im Folgenden „Bauherr:in", da die/der Bauherr:in immer gleichzeitig auch Investor:in ist), die/der entweder bereits Grundstückseigentümer:in ist oder ein Grundstück erwerben möchte, auf die/den Architekt:in zukommt und sie/ihn mit der Beplanung beauftragt. Um sich die Planungsexklusivität zu sichern, fertigt die/der Architekt:in ein an die vorgesehene Nutzung angepasstes Angebot. Zur Erreichung der Planungssicherheit stellt die/der Architekt:in eine schriftliche Bauvoranfrage beziehungsweise klärt in Gesprächen mit den zuständigen Behörden, ob ihre/seine Idee baurechtlich genehmigungsfähig ist (in der Regel versuchen die Bauherr:innen, das vorgegebene Maß des zum Teil über Jahrzehnte bestehenden Baurechts zu überschreiten). Die/Der Grundstückseigentümer:in gewährt der/dem Architekt:in etwa 3 bis 4 Monate Zeit, um das Grundstück zu beplanen, sich die Planung durch einen Vorbescheid bestätigen zu lassen und damit für die/den Bauherr:in Planungssicherheit zu schaffen.

Ein Projekt kann auch
B) mit einem Bieterverfahren starten. In diesem Fall wird anhand einer Konzeptausschreibung ein Grundstück mit einer vorgegebenen Nutzung zum Verkauf angeboten. Grundstücksanbieter:innen sind in den meisten Fällen eine Stadt bzw. ein städtisches Grundstücksunternehmen oder eine Kommune. Mit einer Konzeptausschreibung ist für den Ausschreibenden möglich, sich das gewünschte Nutzungskonzept auf der gewünschten Liegenschaft zu sichern. Gestaltungsmöglichkeiten eines solchen Verkaufs sind Angebotsverfahren, zum

Beispiel ein Investor:innenauswahlverfahren (auch Bieter:innenauswahlverfahren). Das heißt, dass es bereits eine Ausschreibung und ein Nutzungskonzept für das Grundstück gibt oder dass ein Bebauungsplan als Voraussetzung für das Planungsrecht existiert.

Das Grundstück bzw. das Planungsgebiet wird in der Regel öffentlich ausgeschrieben, sodass jede/jeder Bauherr:in sich um den Erwerb dieses Grundstück bewerben kann. Die/Der Bauherr:in gibt eine mit der/dem Architekt:in erstellte Planung und ein sogenanntes indikatives Angebot, ein Grundstückskaufangebot, ab. Ein indikatives Angebot ist die erste Stufe in einem Investor:innenauswahlverfahren. Als Ergebnis erfolgt eine Vorauswahl potenzieller Bauherr:innen. Sie brauchen die/den Architekt:in dafür, dass sie/er das vorgegebene Nutzungskonzept so erstellt, dass es auch mit ihren Vorstellungen übereinstimmt.

Je nach Ausschreibung sind zum Beispiel unterschiedliche Flächenbelegungen durch die künftigen Nutzer:innen oder auch unterschiedliche Bebauungsdichten auf dem Planungsgebiet möglich. In städtischen Bereichen spielen häufig auch soziokulturelle Aspekte eine wichtige Rolle. Immer größere Bedeutung gewinnen auch ökologische und Nachhaltigkeitsaspekte. Die Kosten zur Erstellung eines Angebots trägt die/der Investor:in, also die/der Bauherr:in.

Eine Jury bestehend aus Eigentümern, Vertretern von Baubehörden (Stadtplanung und Bauprüfung), Politik, Wirtschaft und Architekt:innen entscheidet, wer den Zuschlag für das Grundstück bekommt. Bei Investor:innenauswahlverfahren ist dafür nicht grundsätzlich das höchste Kaufpreisangebot ausschlaggebend, sondern häufig sind es auch das Nutzungskonzept und die architektonische Qualität des Entwurfs, sofern dies im Leistungsumfang der Angebotsabgabe gefordert wurde (bei Ausschreibungen der HafenCity GmbH beispielsweise sind das Konzept zu 70 % und der Kaufpreis zu 30 % für den Zuschlag entscheidend.) Um architektonische Qualität zu gewährleisten, sind viele Investor:innenauswahlverfahren gleichzeitig auch Architekturwettbewerbe. Je nach Ausschreibung, Grundstück bzw. Planungsgebiet werden der Ablauf und die Kriterien unterschiedlich gehandhabt.

Ein dem Investor:innenauswahlverfahren nachgeschalteter Architekturwettbewerb wird dann ausgelobt, wenn in der Grundstücksausschreibung nicht explizit ein architektonisches Konzept, sondern lediglich ein schriftlicher Nachweis der künftigen Nutzer:innen und der Bonität der/des Bauherr:in gefordert wurde. Erhält die/der Bauherr:in den Zuschlag und damit die Exklusivität in Form eines Anhandgabevertrags, kann sie/er in einem festgelegten Zeitraum von in der Regel 6 bis 12 Monaten das Grundstück beplanen und wirtschaftlich konkretisieren. Über einen Anhandgabevertrag bekommen die Verkäufer:innen die Sicherheit, dass die Käufer:innen in diesem festgelegten Zeitraum bestimmte Kriterien erfüllen, damit der Verkauf erfolgen kann. Im Gegenzug erhalten die Käufer:innen die Sicherheit, dass die Immobilie während der Anhandgabezeit nicht an Dritte veräußert und bei Erfüllung aller Auflagen definitiv an sie verkauft wird.

» Wie akquiriert man ein Projekt?

In sämtlichen Phasen der Grundstücksakquisition ist die Hilfe des Architekten erforderlich, der durch Zuschlag oder Wettbewerbserfolg mit einem Projekt beauftragt wird. Nicht immer sind es die Bauherr:innen, die Architekt:innen auf eine Grundstücksausschreibung aufmerksam machen. Umgekehrt kann auch die/der Architekt:in ein passendes Grundstück ausfindig machen und eine/einen Bauherr:in ansprechen, ob sie/er an einer Bewerbung interessiert ist. Hat eine/ein Bauherr:in ein Grundstück erworben oder einen Anhandgabevertrag unterschrieben, empfiehlt die Stadt/Kommune der/dem Bauherr:in zur Sicherung der architektonischen Qualität häufig einen Architektenwettbewerb bzw. fordert diesen sogar. Dazu kann der die/der Bauherr:in der Stadt/Kommune mehrere Architekturbüros vorschlagen. Auch hier behält sich die Stadt/Kommune die Entscheidung vor, welche Büros zugelassen werden, und bestimmt selbst weitere Büros mit entsprechender Erfah-

rung und Renommee für den Standort, die am Wettbewerb teilnehmen sollen. Zur Förderung regionaler Büros werden häufig Architekt:innen aus der näheren Umgebung hinzugezogen. Prominenten innerstädtischen Bauvorhaben sollen häufig „Stararchitekt:innen" die dem Ort „angemessene" Architektursprache geben.

An offenen Architekturwettbewerben kann jedes Architekturbüro teilnehmen. Die Ausschreibungen finden sich auf einschlägigen Ausschreibungsplattformen (z.B. competiononline) oder in Printmedien (z.B. wettbewerb aktuell). Darüber hinaus gibt es eingeschränkte Wettbewerbe, die ebenfalls auf diversen Internetplattformen zu finden sind, jedoch eine Präqualifizierung erfordern. Für diese fordert die/der Bauherr:in zum Beispiel Referenzen für ähnliche Bauvorhaben, die der Größe und Nutzungsart des zu beplanenden Grundstücks entsprechen und in den letzten ca. 5 bis 10 Jahren umgesetzt wurden. Zudem werden Bonität und Leistungsfähigkeit des Architekturbüros geprüft. Mit dieser Prüfung sichert sich die/der Auslober:in sowohl die Qualifikation des Architekturbüros für die Planung als auch dessen Fähigkeit, sämtliche zur Realisierung des Bauvorhabens erforderlichen Leistungen erbringen zu können. Mittels eines Punktesystems werden die für die Wettbewerbsteilnahme geeigneten Architekt:innen ausgewählt. In der Regel ist die Teilnahmezahl auf 5 bis 15 Architekt:innen begrenzt, bei einer höheren Teilnehmerzahl von Architekt:innen mit bester Punktzahl entscheidet das Los.

Hat ein Architekturbüro einen Architektenwettbewerb gewonnen, wird es in der Regel mit allen Leistungsphasen bis zur Baugenehmigung von der/dem Auslober:in beauftragt und kann die Planung mit der/dem Bauherr:in realisieren. Das Architekturbüro wird in diesem Fall also als Wettbewerbsgewinner bei einer:m schon feststehenden Bauherr:in mit einem Projekt beauftragt. Üblicherweise wird die/der Gewinner:in des 1. Preises beauftragt, doch Ausnahmen bestätigen die Regel. Auch Büros, die „nur" den 2., 3. bis x. Preis errungen haben, sind nicht zwangsläufig von einer Realisierung ausgenommen. Es kommt auch vor, dass sich die/der Bauherr:in gemeinsam mit dem auslobenden Gremium für die Beauftragung eines platzierten Büros entscheidet. Dies ist häufig der Fall, wenn die/der Bauherr:in ihr/ihm bekannte Architekturbüros für einen Wettbewerb auswählen durfte, mit denen sie/er bereits gute Erfahrungen in der Zusammenarbeit gemacht hat. Auch aus diesem Grund ist es wichtig für ein Architekturbüro, einen guten Kontakt zu den Bauherr:innen zu pflegen.

» Was müssen Architekt:innen als Erstes tun, nachdem sie mit einem Projekt, sei es über eine Direktanfrage oder einen Wettbewerbserfolg, beauftragt wurden?

Das Grundstück bzw. das Planungsgebiet ist vorhanden. Die/Der Eigentümer:in des Grundstücks ist bekannt und hat es zur Planung freigegeben. Nun beginnt für die/den Architekt:in die Phase der Ideenfindung, entweder gemeinsam mit der/dem Eigentümer:in oder mit einer/einem Projektentwickler:in. Im Folgenden sind die Kriterien genannt, die für die Ideenfindung eine wesentliche Rolle spielen.

 **Genius loci**

Neben den Nutzungsvorgaben sind Ort und Umgebung des Planungsgebietes entscheidend für die spätere Architektur.

» Welche Materialien, Farben und Stile weist die nähere Umgebung auf?

» Hat das zu beplanende Grundstück eine historische Bedeutung, eine es prägende Geschichte?

» Wie hoch sind die Gebäude im Umfeld?

» Könnte sich die Höhenentwicklung auf die Planung auswirken?

» Welche Baustile gibt es in der Umgebung des Planungsgebiets?

» Welche Dachformen prägen das Gebiet?

» Wie sind städtebauliche Körnung und Dichte im Umkreis beschaffen?

» Gibt es eine offene, eine geschlossene oder eine davon abweichende Bauweise?

» Welcher Baumbestand befindet sich auf dem Grundstück?

» Wie ist das Grundstück erschlossen bzw. wie kann es erschlossen werden?

» Ist das Grundstück gut an den öffentlichen Personennahverkehr (ÖPNV) angebunden?

All diese Fragen muss sich die/der Architekt:in stellen, wenn sie/er sich zum ersten Mal mit einem neuen Grundstück auseinandersetzt. Eine Besichtigung vor Ort ist durch nichts ersetzbar und der erste wichtige Schritt zu einer funktionierenden Planung. Auch das Internet mit seinen vielen Möglichkeiten und Informationen wird eine Vor-Ort-Besichtigung nie ersetzen können, egal ob es sich um eine schnelle Massenstudie, einen Architekturwettbewerb oder eine langfristige Beauftragung handelt.

 **Nutzungsarten**

Neben Fakten, die das Umfeld liefert, ist für die künftige Architektur natür-lich auch die vorgesehene Nutzung entscheidend. Oft wird das Grundstück unter dem Gesichtspunkt der Realisierbarkeit einer angedachten Nutzung ausgewählt. Es kommt aber auch vor, dass die/der Bauherr:in gemeinsam mit der/dem Architekt:in eine Idee entwickelt, welcher Nutzungsmix auf dem Grundstück realisiert werden könnte. Entscheidend für die Art der Nutzung ist einerseits die Umgebung, andererseits das vorherrschende Baurecht. Bei einer Einzelhandelsnutzung beispielsweise gilt zu beachten, welche Sortimente in der direkten Umgebung vorhanden sind und ob aufgrund der geplanten Nutzung ein Überangebot entstehen könnte. Häufig gibt es auch Einschränkungen seitens der Stadt/Kommune, indem sie bestimmte Sortimente und Größen der Einzelhandelsflächen vorgibt. Bei Beherbergungs- und Büronutzungen ist wie bei allen Nutzungen die Lage des Grundstücks entscheidend.

» Ist das Grundstück gut an den ÖPNV angeschlossen?

» Kann bei einer Hotelnutzung mit einer ausreichenden Gästefrequenz gerechnet werden?

» Liegt das Grundstück innenstadtnah oder an einem anderen besonderen Ort, der für eine Hotelnutzung oder einen Bürostandort ausreichend attraktiv ist?

Wenn es bereits potenzielle Nutzer:innen gibt, ist vorab zu eruieren, ob die zu erwartenden Miet- bzw. Verkaufspreise den Grundstückspreis rechtfertigen. Oft schließen sich einige Nutzungen und potenzielle Mieter:innen bzw. Käufer:innen schon allein aufgrund der Lage und des Preises des Grundstücks aus.

Handelt es sich um eine Wohnnutzung, sind vor jeder Planung eine Analyse der vorhandenen Wohnstruktur sowie eine Bedarfsanalyse erforderlich, die entweder von Spezialist:innen durchgeführt werden oder bei der Stadt / Kommune eingeholt werden können.

» Wie ist die Wohnstruktur beschaffen?

» Welche Altersstruktur weisen die dort Wohnenden auf?

» Werden 1- bis 2-Zimmerwohnungen benötigt oder eher Familienwohnungen ab 3 Zimmern?

In zentraler Großstadtlage werden wahrscheinlich eher 1-Zimmer-Apartments gebraucht, während in einem stadtrandnahen Wohngebiet eher Ein- oder Mehrfamilienhäuser nachgefragt werden. Wie bei allen Nutzungen sind auch bei der Wohnnutzung die Umgebung und das Baurecht entscheidend für die Planung. Ist die Bedarfsanalyse erfolgt, legt die/der Architekt:in gemeinsam mit der/dem Bauherr:in einen Wohnungsschlüssel fest. Dieser definiert die Größe der Wohnungen und die prozentuale

Verteilung der Wohnungstypen auf die Gesamtwohnungszahl.

Beispiel für einen Wohnungsschlüssel für frei finanzierte Wohnungen:

1-Zimmer-Wohnungen
(50-55 m²) – 10 %

2-Zimmer-Wohnungen
(60-65 m²) – 40 %

3-Zimmer-Wohnungen
(75-85 m²) – 30 %

4-Zimmer-Wohnungen
(90-100 m²) – 15 %

5-Zimmer-Wohnungen
(ab 110 m²) – 5 %

Da der durchschnittlich erzielbare Mietpreis pro Quadratmeter Wohnfläche mit der Größe der Wohnung sinkt, werden in teuren Innenstadtlagen kleine Wohnungen von den Bauherr:innen bevorzugt, da diese sich für sie deutlich besser und schneller rentieren.

Eine Besonderheit stellen Serviced Apartments dar, bei denen ein vollmöbliertes Apartment inklusive Internet, Heizung, Wasser und Strom zu einem Festpreis anmietbar ist. Zusätzlich werden häufig Freizeitmöglichkeiten, Wäsche- und sogar Cateringdienst angeboten. Problematisch bei einer solchen Nutzung ist, dass der städtische Bedarf an Familienwohnungen außer Acht gelassen wird, da diese geringere Mietpreise erzielen und ihre Realisierung in innenstadtnahen Gebieten aufgrund der immer stärkeren Nachfrage nach Grundstücken und demzufolge der hohen Grundstückspreise kaum noch möglich ist.

Diese Fragen bespricht die/der Architekt:in gemeinsam mit der/dem Bauherr:in, um in Vorbereitung der Planung eine Kosten-Nutzen-Analyse zu erstellen, die dem Bedarf, den Kosten und den Mieteinnahmen gerecht zu werden versucht. Dies erfolgt oft in einem interaktiven Prozess mit den Behörden und auch mit der Politik. Gerade Wohnungsbau in Großstädten ist aufgrund des hohen Bedarfs und der Gefahr der Gentrifizierung häufig ein Politikum.

 **Bebauungsplan**

Parallel zur Ideenfindung einer Nutzung verifiziert die/der Architekt:in das Baurecht, das dem Grundstück zugrunde liegt. Das kann ein Bebauungsplan (B-Plan) oder ein Durchführungsplan sein. Gerade in Großstädten existieren für viele Grundstücke noch Bebauungspläne aus der Nachkriegszeit bzw. aus den 60er-Jahren, die den Gedanken einer sich verändernden Stadt nicht mitgegangen sind. In diesem Fall sind gutes Augenmaß und viel Erfahrung der/des Architekt:in gefordert. Mit der Besichtigung und Analyse der Umgebung

kann sie/er sich ein Bild davon machen, wie diese sich mit den Jahren verändert hat. Sie/Er schätzt ein, inwieweit eine Verdichtung Sinn macht und wie sich die Planung in Art und Maß der baulichen Nutzung in die Umgebung einfügen könnte. Existiert für das Plangebiet kein Bebauungsplan bzw. befindet sich kein Bebauungsplan in Aufstellung, verfahren Architekt:innen nach §34 BauGB, der sich auf die Art und das Maß der baulichen Nutzung bezieht.

 **Baurecht**

Bei jeder Planung gilt es das Baurecht genau zu untersuchen. Handelt es sich um ein §34 BauGB-Grundstück, sprich gibt es in diesem Gebiet keinen Bebauungsplan, so muss die/der Architekt:in sich noch stärker auf den genius loci und die Art und das Maß der baulichen Dichte beziehen. Sie/Er passt ihre/seine Planung dem allgemeinen Maß der baulichen Nutzung der Nachbarschaft an, nachdem sie/er die grundlegenden Werte wie Geschossflächenzahl (GFZ), Grundflächenzahl (GRZ) sowie Geschossigkeit, Trauf- und Firsthöhen, Materialität und Dachformen ermittelt und analysiert hat. Zudem muss geprüft werden, ob es in der Umgebung bereits Verdichtungen gibt, an der sich die Planung zu orientieren hat, um diese Entwicklung zeitgemäß fortzuführen.

Neben der eigentlichen Architektur spielen die Qualität der Analyse und der Argumentation gegenüber den Behörden eine wichtige Rolle, damit eine Planung Baurecht und somit auch Planungssicherheit erlangt. Insofern zählen Behördengespräche und Präsentationen von Analysen zu den Hauptaufgaben von Architekt:innen.

Möchte die/der Architekt:in möglichst schnell Planungssicherheit erreichen, ist eine Bauvoranfrage oder ein Antrag auf Bauvorbescheid nötig. In einer Bauvoranfrage können sämtliche für die Planung entscheidende Fragen gestellt werden, von der Nutzung über die Geschossigkeit bis hin zu den Grundrissansätzen. Der Vorteil einer Bauvoranfrage, egal ob mit den Behörden vorbesprochen oder nicht, besteht in der kürzeren Bearbeitungsdauer bei den Behörden. Dies ist auch deshalb wichtig, weil ein Bauvorbescheid eine ausreichende Rechtssicherheit für die Finanzierung des Projekts darstellt. Eine Bauvoranfrage bzw. ein Antrag auf Bauvorbescheid wird immer in schriftlicher Form beim zuständigen Bauordnungsamt oder der Bauaufsichtsbehörde eingereicht.

Alle Bürger:innen können eine Bauvoranfrage stellen. Aktenvermerke und Mitschriften von Behördengesprächen sind zwar sinnvoll und für eine Vorabklärung der Genehmigungsfähigkeit für eine Bauvoranfrage richtungsweisend, geben aber keine Rechtssicherheit, da der Bauvorbescheid im Bauausschuss beschieden wird. Mit dem Vorliegen eines Bebauungsplans ist Rechtssicherheit gegeben. Da es sich meistens um ältere Pläne handelt, ist das Baurecht oft nicht mehr zeitgemäß. Die Stadt hat sich weiterentwickelt, und somit sind die Gegebenheiten zum Zeitpunkt des Inkrafttretens des Bebauungsplans oft nicht mehr gegeben.

Das Aufstellen eines Bebauungsplans nimmt oft mehrere Jahre in Anspruch, da die Öffentlichkeit und alle zuständigen Behörden in mehreren Schritten daran beteiligt werden. Zudem stellt ein Bebauungsplan die zukünftige städtebauliche Entwicklung dar und ist für mehrere Jahrzehnte Stadtentwicklung angelegt. Insofern umfasst er nicht nur ein Grundstück, sondern ein ganzes Stadtgebiet, das städtebaulich umstrukturiert werden soll. Da größere Städte aufgrund des langwierigen Stadtentwicklungsprozesses zum Teil noch Bebauungspläne aus den 50er-, 60er-Jahren haben, kann man nachvollziehen, wie der Städtebau sich in 30 Jahren weiterentwickelt hat, aktuell zum Beispiel in Hamburg, wo das Nachverdichtungsthema eine bedeutende Rolle spielt. Bestandsgebäude genießen bei einer Bebauungsplanänderung Bestandsschutz, werden zwar teilweise überplant, doch erst bei Abbruch gilt für das frei gewordene Grundstück das neue Baurecht. Ein Bebauungsplan von 1960 bildet nicht mehr die Ziele ab, die heute als wichtig erachtet werden. 1960 beispielsweise wurde über die autogerechte Stadt nachgedacht, ganze Altstadtgrundrisse wurden für diese Leitidee geändert – ein gutes Beispiel hierfür ist die Stadt Hannover. Heute verfolgen wir Leitideen wie die autofreie Stadt, Nachhaltigkeit und neue Wohn,- Arbeits- und Lebenswelten. Insofern ändern sich die Vorgaben teilweise grundlegend.

Liegt das zu beplanende Grundstück in einem Bebauungsplangebiet, so stellt der B-Plan zunächst das geltende Baurecht dar. Bildet der B-Plan nach Analyse des Grundstücks und der Umgebung nicht mehr die gegenwärtige Situation ab oder ist im Umfeld bzw. im selben Bebauungsplangebiet bereits vom geltenden Baurecht abgewichen worden, so ist es auch hier sinnvoll, einen Antrag auf Bauvorbescheid zu stellen, über den vorab in Behördengesprächen abgestimmt werden kann. In diesem Fall werden Anfragen zu Befreiungen von den Festsetzungen des Bebauungsplans gestellt. Bei der Argumentation sind, wie bei einer Bauvoranfrage und einer Einordnung nach §34 BauGB, diese Kriterien maßgeblich: Sie muss die Stadtentwicklung, das Umfeld, den Bedarf und die Bebauungsdichte berücksichtigen. Die Rechtssicherheit wird in diesem Fall dann über Befreiungen im Vorbescheid eingeholt. Die schriftlich begründeten Befreiungen müssen von der Behörde durch den Bauausschuss gebracht werden. Das wird zurzeit leider zunehmend schwieriger, da es aufgrund von Verdichtungsmaßnahmen immer häufiger zu Nachbarschaftsklagen kommt. Je besser die/der Architekt:in analysieren und das

Resultat ihrer/seiner Analyse in eine realistische Planung umsetzen kann, desto besser kann die Seriosität der Planung von der/dem Bauherr:in und den Behörden eingeschätzt werden.

 **Idee, Budget, Kostenschätzung**

Hat die/der Architekt:in die wichtigsten Vorinformationen gesammelt, entsteht parallel zur Umgebungsanalyse im Dialog mit der/dem Bauherr:in oder auch nur im Kopf der/des Architekt:in eine Idee. Die Realisierung dieser Entwurfsidee unterliegt letztendlich einem Budget.

» Wie hoch ist das Budget der/des Bauherr:in für das Objekt? Aus den Budgetvorgaben folgt eine erste Kostenschätzung als Indikation für das künftige Projekt.

» Ist die Idee überhaupt umsetzbar? Kann für diese Idee Rechtssicherheit geschaffen werden?

» Muss an bestimmten Stellen effizienter geplant werden, die Planung also optimiert werden, damit sie das vorgegebene Budget nicht sprengt?

» Sind die Fassadenidee und die Materialwahl zu teuer, sodass schon am Anfang Kosten reduziert werden müssen?

Da sie einen wesentlichen Anteil am Projekt hat, ist auch diese Frage wichtig:

» Entsprechen der Grundstückskaufpreis und seine Finanzierung der vorgesehenen Planung, und lässt sich eine Rendite erwirtschaften?

» Wie viel Budget bleibt noch für das eigentliche Bauen übrig?

Diese Fragen müssen häufig in mehreren Planungsphasen, Entwurfsanläufen und Behördengesprächen geklärt werden. Viele Projekte scheitern oft bereits in diesem Stadium. Nicht nur die Leitidee und der Entwurf der/des Architekt:in, sondern auch Vorgaben der Behörden und die Vermarktungsstrategie der/des Bauherr:in beeinflussen ein Projekt. Insofern stellt sich am Anfang jedes Projekts die Frage, welche staatlichen Förderungen in Anspruch genommen werden können oder müssen, damit ein Projekt wirtschaftlich und vermarktungstechnisch Sinn macht.

 **Förderung**

In Deutschland kann eine Vielzahl von Förderungen in Anspruch genommen werden. Diese sind bei der Wohnungsbauplanung vornehmlich Förderungen der KfW (Kreditanstalt für Wiederaufbau), die die Entwicklung hoher Energiestandards über günstige Darlehen fördert (z.B. KfW40, KfW55) und Wohnbauförderung über die IFB (Investitions- und Förderbank). Bei der Planung von Wohnungsbau sind wir Architekt:innen immer auf eine Förderung angewiesen.

Da in vielen deutschen Städten ein Mangel an bezahlbarem Wohnraum besteht, greift der Staat bzw. die Stadt/Kommune ein, um einen Mindestanteil an geförderten Wohnungen, sogenannten Sozialwohnungen, zu gewährleisten. Sozialwohnungen, die lediglich mit einem Wohnberechtigungsschein bezogen werden dürfen, werden durch Direktförderung beim Bau und durch Übernahme von Mietanteilen 20 bis 30 Jahre lang subventioniert. Ohne diese staatliche Förderung wäre ein Projekt mit einem Mindestanteil an geförderten Wohnungen zur Schaffung von bezahlbaren Wohnungen nicht möglich, da die Kosten für den Grunderwerb sowie Material- und Baukosten kontinuierlich steigen.

Mindeststandards, die zu einer Förderung berechtigen, sind in Art und Umfang für Planer:innen und Bauherr:innen in den Förderrichtlinien der IFB verankert und müssen sowohl in die Kostenkalkulation also auch in die Renditeberechnung der/des Bauherr:in einfließen.

Die/Der Bauherr:in verpflichtet sich über den Zeitraum von 20 bis 30 Jahren zu einer gedeckelten Miete (in Hamburg im Jahr 2021 bei 6,80 € für Mietwohnungsneubau im 1. Förderweg) und erhält dafür eine Subventionierung in Form einer staatlichen Aufstockung des Mietanteils. Nach Ablauf des gewählten Förderzeitraums können die Wohnungen auf dem freien Wohnungsmarkt angeboten werden – sie „fallen aus der Förderung heraus", heißt es. Gemäß den Mindeststandards unterscheiden sich die Grundrisse geförderter Wohnungen oftmals von denen frei finanzierter Wohnungen.

Die Größe einer Wohnung ist beispielsweise auf ein Maximum beschränkt. In Hamburg gelten aktuell folgende Wohnungsgrößen als Maximalgrößen für förderfähige Wohnungen:

1-Personen-Wohnung
30-50 m²

2-Personen-Wohnung
55 - 60 m²

3-Personen-Wohnung
65 -75 m²

4-Personen-Wohnung
75 - 90 m²

5-Personen-Wohnung
90 - 105 m²

6-Personen-Wohnung
105 - 120 m²

Ab 30 Wohneinheiten ist ein Mindestanteil von für 1- und 3-Personen-Wohnungen von jeweils 20 %, für 4-Personen-Wohnungen von mind. 10 % einzuplanen.

 **Barrierefreiheit**

Für die Planung barrierefreier Wohnungen dürfen die Wohnungen um jeweils 5 m² größer werden, um dem Platzbedarf gerecht zu werden. Der Wohnungsschlüssel wird im Lauf des Projekts in Absprache mit den Behörden festgelegt.

Des Weiteren werden Anforderungen an die Grundrisse selbst gestellt. So ist in der Wohnung ein Abstellraum mit max. 2 m² vorzusehen, der Schlafraum muss über den Platz für ein 2 m x 2 m großes Doppelbett und einen 3 m breiten (Einbau-)Schrank verfügen. Ein Kinderzimmer muss unter Berücksichtigung einer Standardmöblierung (Einzelbett, Schrank, Schreibtisch) mindestens 10 m² groß sein. Wohnzimmer sind mit einer Mindestbreite von 3,2 m und einer Mindestfläche von 16 m², bei höherer Zimmeranzahl (ab 3 Personen) der Wohnung entsprechend größer anzusetzen (3,5 m Mindestbreite). Essen, Kochen und Schlafen dürfen nicht in einem Raum stattfinden. Jede Wohnung ist mit einem Freisitz auszustatten, der eine Mindesttiefe von 1,20 m, ab 3 Personen 1,40 m haben muss.

Dies sind nur einige Vorgaben, die die IFB zur Bewilligung einer Förderung macht. Zu beachten ist, dass jede Stadt/ Kommune ihre eigenen Vorgaben definiert, die vorab in der Analyse zu verifizieren sind. Es darf nie davon

ausgegangen werden, dass die Bau-
herr:innen sich sämtlicher Vorgaben
bzw. Förderungen bewusst sind.
Zunächst gilt es alle Informationen
über die diversen Förderungsalternati-
ven zu sammeln und die/den Bauherr:in
darüber in Kenntnis zu setzen.

 **Zertifizierung**

Teuer muss nicht immer schlecht sein,
sondern kann für ein Projekt durchaus
auch hilfreich sein. Der Verpflichtung zur
Inanspruchnahme einer Förderung auf
der einen Seite kann auf der anderen
Seite eine freiwillige Gebäudezertifizie-
rung entgegenstehen. Zertifizierungen
sind keine staatlichen Verpflichtungen,
sondern freiwillige „Markenzeichen",
die bei der Vermarktung des Gebäudes
bzw. des Gebäudekomplexes von Vorteil
sein können. Aufgrund des gesellschaftlichen Wandels sind Themen wie Nachhaltigkeit, cradle to cradle-Methode (zu
Deutsch: Von der Wiege zur Wiege =
Rückführung in den Kreislauf), Werter-
haltung, Klimaneutralität und Mobilität
immer wichtiger und in vielen Zertifizierungen verankert.

Die bekanntesten Zertifizierungen sind
die Zertifizierung der Deutschen Ge-
sellschaft für Nachhaltiges Bauen =
DGNB-Zertifizierung, die Zertifizierung
Leadership in Energy and Environmental
Design = LEED-Zertifizierung oder für

Hamburg die Zertifizierung Umweltzei-
chen HafenCity.

Es geht immer um die Frage, ob durch
Zertifizierungsverfahren und den damit
verbundenen höheren Kosten das Projekt so aufgewertet werden kann, dass
es sich letztendlich rentiert.

» Kann sich das Projekt von den
bestehenden Projekten absetzen?

» Trifft es den Zeitgeist?

Mittlerweile ist es kaum noch möglich,
ein Projekt konventionell zu entwickeln.
Das Thema Nachhaltigkeit muss zu Recht
an vielen Stellen verstärkt berücksichtigt
werden.

Ist die Grundstücksanalyse abgeschlos-
sen und hat sich die/der Architekt:in
hinreichend mit den örtlichen Gegebenheiten (genius loci), dem geltenden
Baurecht, den Vorgaben, den möglichen
Förderungen und auch mit den sinnvol-
len Zertifizierungen auseinandergesetzt,
ist der Rahmen für die Planung abge-
steckt. Sie/Er weiß jetzt relativ genau,
in welche Richtung zu planen ist.
Das kann sie/er zu Beginn des Projekts
natürlich noch nicht genau sagen, weil
die erste Idee lediglich ein Ansatz ist,
dem noch keine exakte Kostenberechnung zugrunde gelegt werden kann.
Im Vorentwurfsstadium sind auch noch
keine gewerblichen Miet- bzw. Wohnflächen ermittelt, es existieren nur eine
erste Nutzungsidee und ein Rohkonzept

mit einer groben Ermittlung der Brutto-geschossfläche (BGF).

Mit dem Genauigkeitsgrad der Planung steigt die Kostensicherheit. Liegt man bei der Kostenschätzung eines Projekts in den ersten Leistungsphasen anleh-nend an die HOAI noch bei 30 % plus oder minus, nähert man sich bei einer späteren Kostenberechnung immer exakter den tatsächlichen Kosten an.

Je präziser die/der Architekt:in gerade in der Anfangsphase versteckte „Kosten-treiber" ermittelt, je intensiver sie/er sich mit den Förderungs- und Zertifizie-rungsmöglichkeiten auseinandergesetzt hat, und je effizienter und exakter sie/er schon in einem frühen Stadium plant, desto größere Kostensicherheit gewinnt sie/er. Dies erspart ihr/ihm und auch der/dem Bauherr:in zeit- und nerven-raubende Arbeit. Eine/Ein kompetente:r und seriöse:r Architekt:in ist in der Lage, die/den Bauherr:in in allen genannten Punkten gut zu beraten.

 **Nachhaltigkeit**

Ist eine Zertifizierung möglich und möchte die/der Architekt:in noch ein i-Tüpfelchen setzen, gestaltet sie/er das Gebäude nach den Kriterien der Nach-haltigkeit. Dazu hat sie/er folgende Fragen zu beantworten:

» Ist der Standort geeignet für eine ökologische Bauweise?

» Können nachwachsende Rohstoffe eingesetzt werden?

» Erlaubt das Budget nach Abzug der Kosten für Zertifizierung, Grundstück und erste Planung eine nachhaltige Bauweise wie beispielsweise Holzbau-weise oder Holzhybridbauweise?

» Ist es sinnvoll, das Budget aufzu-stocken, um mit einer ökologischen Bauweise einen höheren Verkaufs-/ Mietpreis zu rechtfertigen?

Nachdem diese grundlegenden Fragen geklärt sind, stellt sich die nächste Frage:

» Welche Materialien können eingesetzt werden, die in den Kreislauf zurück-geführt werden müssen (cradle to cradle-Methode)?

Nachhaltige, ökologische, energie- und ressourcenschonende Planungen spie-len im Geschosswohnungsbau budget-bedingt noch eine untergeordnete Rolle. Nachhaltiges Bauen funktioniert meistens leider nur dann, wenn es staat-lich gefördert wird (zum Beispiel die Förderung von erneuerbaren Energien). Förderwege für den Einsatz von nach-wachsenden Rohstoffen sind derzeit noch nicht in ausreichendem Maß vorhanden, doch sobald es sie gibt und der gesell-schaftliche Druck steigt, wird zunehmend nachhaltig gebaut werden.

Nachdem sämtliche Grundlagen ermittelt worden sind und eine erste Idee im Raum steht, gilt es das Team zusammenzustellen.

2. Das Team – Die Fachplaner:innen

Das Team besteht anfangs nur aus der/dem Bauherr:in und der/dem Architekt:in. Doch bereits für die Grundlagenermittlung und eine erste Einschätzung sind Informationen von unterschiedlichen Fachplaner:innen nötig. Wie viele Fachplaner:innen benötigt werden, hängt ab von der Komplexität eines Bauvorhabens. Bei kleineren Projekten werden nicht immer alle Fachingenieur:innen benötigt, die im Folgenden zur Sprache kommen. Es liegt jedoch immer, unabhängig von der Größe des Bauvorhabens, in der Verantwortung der/des Architekt:in, die erforderlichen Fachingenieur:innen zu benennen und der/dem Bauherr:in ihre Einbindung in das Projektteam zu empfehlen.

Wie bereits erwähnt, beginnt ein Bauvorhaben mit der Begutachtung und der Analyse des Grundstücks. Dazu ist die Beantwortung folgender Fragen für die Planung zwingend erforderlich:

» Wie groß ist das Grundstück?

» Welche Höhenentwicklungen weist es auf?

» Gibt es Verunreinigungen im Boden, Schadstoffe, deren Entsorgung möglicherweise kompliziert und somit teuer ist?

» Müssen Bestandsgebäude integriert werden?

» Sind diese denkmalgeschützt?

» Widersprechen Lärmemissionen durch Verkehr und Gewerbe möglicherweise der angedachten Nutzung?

Die im Folgenden genannten Fachingenieur:innen werden zur Beantwortung dieser ersten Fragen herangezogen.

Vermessungsingenieur:in

Das zu beplanende Grundstück ist im Katasterplan ausgewiesen. Da dieser in der Regel im Maßstab 1:500 oder 1:1000 gezeichnet und für eine exakte Planung nicht geeignet, ist die/der Architekt:in auf die Unterstützung einer/eines Vermessungsingenieur:in angewiesen.

Falls sich auf dem Grundstück ein Bestandsgebäude befindet, das in die Planung integriert werden muss, ist es ratsam, dass die/der Vermesser:in auch dieses Gebäude komplett aufmisst. Für eine Projektstudie oder in der Anfangsphase reichen meist die Bestandspläne aus. Doch spätestens in der Entwurfsphase sollte die/der Architekt:in zur exakten Ermittlung von Grundstücksgrenze, Höhen und Bestand auf Vermesser:innenpläne umstellen. Je mehr Expertise sie/er einholt, desto genauer kann sie/er planen.

 **Bodengutachter:in**

Wichtig zur Einschätzung der Qualität und Komplexität des Grundstücks ist das Bodengutachten. Dieses ist oft ein entscheidender Parameter für den Grundstückspreis sowie die Planung. Die Expertise über den Baugrund ist nicht nur hinsichtlich eventueller Altlasten von Bedeutung, sondern liefert der/dem Tragwerksplaner:in und der/dem Architekt:in wichtige Daten für die Gründung, der/dem Freianlagenplaner:in und der/dem Planer:in der haustechnischen Anlagen Informationen zur Versickerung von Regenwasser, zu Hochwasser und zu Grundwasserständen. Ungünstige Bodenverhältnisse werden oft unterschätzt, sind aber entscheidend für die Wirtschaftlichkeit eines Projekts. Verschätzt sich die/der Bauherr:in an dieser Stelle, kann dies zum finanziellen Fiasko führen.

Das Bodengutachten umfasst in der Regel auch eine Schadstoff- bzw. Altlastenuntersuchung, die zum Beispiel bei der Planung auf einem Konversionsgebiet, also einem ehemaligen Gewer-

be- und Industriegebiet, das zu einem Wohngebiet umgewandelt wird, sinnvoll ist. Ein Bodengutachten inkl. Altlasten- und Schadstoffuntersuchung ist bereits beim Grundstückskauf zur Ermittlung der zur Herstellung von bebaubarem Grund anfallenden Kosten erforderlich. Stellt die/der potenzielle Grundstückskäufer:in anhand eines Bodengutachtens bereits vor Baubeginn fest, dass auf diesem Grundstück früher beispielsweise eine Tankstelle stand und Reste von Öl und anderen Schadstoffen im Boden verblieben sind, muss der Boden im Zweifel komplett ausgetauscht werden – eine kostspielige Aktion, die ein Projekt schon vor Baubeginn unwirtschaftlich machen kann.

Um dies zu vermeiden, sichert die/der Grundstückskäufer:in sich mit einem Vertrag ab, in dem festgelegt ist, dass die durch ein fehlendes Bodengutachten entstehenden Kosten vom Kaufpreis abgezogen bzw. erstattet werden. Liegt bereits ein Bodengutachten vor, wird der Kaufpreis hinsichtlich der Kosten für die Herstellung von bebaubarem Baugrund untersucht und im Vorwege geklärt, ob der Kaufpreis gerechtfertigt ist oder neu verhandelt werden muss. Bodengutachten sind also wichtig, damit Investitionskapital nicht im wahrsten Sinn des Wortes schon vor Baubeginn „vergraben" wird.

 **Baumgutachter:in**

Zu Beginn einer Planung spielt das Baumgutachten eine wichtige Rolle.

» Müssen Bäume gefällt werden oder kann der Baumbestand in die Planung integriert werden?

» Welche Baumarten dürfen in welchem Zustand gefällt werden?

In einer Zeit, in der Nachhaltigkeit und schonender Umgang mit Ressourcen zunehmend an Bedeutung gewinnen, ist das Fällen von Bäumen ein heikles Thema. Behörden gestatten es immer seltener, Bäume zu fällen. Umso nötiger ist zunächst ein detaillierter Baumbestandsplan, um eine erste Einschätzung treffen zu können, ob Bäume durch die Planung gefährdet sind.

Kann die/der Architekt:in dies in ihrer/seiner Planung nicht vermeiden, so ist eine/ein Baumgutachter:in gefragt, die/der den Zustand der Bäume analysiert und die Erhaltensfähigkeit der Bestandsbäume definiert. In Grenzfällen, bei denen sich die Planung bis in Höhe der Baumkronen bewegt, ist zudem eine Wurzelsondierung nötig, um den vorgegebenen Abstand von 1,5 m plus Kronendurchmesser ggf. zu reduzieren, sofern die Wurzeln dadurch nicht beeinträchtigt werden. Oft stehen Bäume, die in den 60er-Jahren in Zeilen gepflanzt

wurden, einer möglichen Verdichtung im Wege, da sie heutzutage erhaltenswürdig sind.

 **Verkehrsplaner:in**

Zu Beginn einer Planung ist es oftmals auch erforderlich, eine/einen Verkehrsplaner:in in den Planungsprozess miteinzubeziehen. Sie/Er überprüft die Auswirkungen der Planung sowohl auf den fließenden als auch den ruhenden Verkehr. Beim Wohnungsbau geht es vorrangig um eine optimale Einmündung des Verkehrs vom Grundstück aus in den öffentlichen Verkehr. Außerdem wird überprüft, inwiefern die Planung den bestehenden Verkehr beeinflusst. Gerade bei größeren Projekten werden zusätzliche Verkehre produziert, die sich in den bestehenden Verkehr integrieren müssen. Folgende Fragen sind in diesem Zusammenhang zu beantworten:

» Kann die Bestandsstraße den zusätzlichen Verkehr aufnehmen oder muss die Verkehrsführung bzw. das Verkehrsleitsystem an die Umgebung angepasst werden?

» Ist eine zusätzliche Abbiegespur zur Einfahrt auf das Grundstück notwendig?

» Ist auf dem Grundstück vor der Tiefgarageneinfahrt ausreichend

Rückstaufläche, damit wartende Fahrzeuge sich nicht in den fließenden Verkehr rückstauen?

» Liegt die Einfahrt zu einer Tiefgarage weit genug von einem Verkehrsknotenpunkt entfernt, damit es zu keiner Behinderung kommt?

Außerdem untersucht die/der Verkehrsplaner:in auch die Wenderadien von Feuerwehrzufahrten sowie Zufahrten für Anlieferungs- und Entsorgungsverkehr auf dem Grundstück. Darüber hinaus plant sie/er die öffentlichen Verkehrswege auf einem Grundstück, zu dessen Erschließung private Flächen zu öffentlichen Flächen umgewidmet werden müssen. Häufig handelt es sich allerdings auch nur um die Prüfung einer Tiefgarage und deren Funktionalität.

» Sind die Fahrspuren ausreichend bemessen?

» Sind alle Stellplätze komfortabel anfahrbar?

Hier sollte man dringend darauf achten, dass es Diskrepanzen zwischen der geltenden Garagenverordnung (GarVO) gibt, die das Minimum darstellt, und der Export Administration Regulation (EAR), die den Komfort und die zeitgemäße Umsetzung von Stellplatzanlagen darstellt. Bei der Planung nach GarVO sind häufig deutlich mehr Stellplätze nachweisbar als nach EAR.

Stellplatzsatzungen der Städte, Kommunen oder des Bundeslands weisen die Notwendigkeit von Stellplätzen in definiertem Umfang je Nutzung aus. Doch oft ist die geforderte Anzahl der notwendigen Stellplätze auf dem Grundstück nicht zu realisieren. Gerade in Großstädten ist es in sogenannten Abminderungsgebieten möglich, die erforderliche Stellplatzanzahl aufgrund einer guten ÖPNV-Anbindung zu senken, doch reicht dies oft nicht aus.

Für jeden nicht geplanten, aber notwendigen Stellplatz fallen Gebühren an, die die/der Bauherr:in entrichten muss. Dies ist oft ein beträchtlicher Kostenfaktor, der nicht selten die Wirtschaftlichkeit eines Projekts so stark beeinflusst, dass sich das Projekt für die/den Bauherr:in nicht mehr rechnet. Die Behörde muss zudem einer Ablöse von Stellplätzen nicht zwingend zustimmen und kann sie einfordern. Aus diesem Grund ist jeder gewonnene Stellplatz Geld wert und kann ein Projekt wirtschaftlich machen. Als Architekt:in gerät man bei diesem Thema des Öfteren in einen Gewissenskonflikt, da man einerseits möglichst effizient für die den Bauherr:in planen möchte (nach GarVO), sich andererseits allerdings immer auch darüber bewusst ist, dass eine Planung nach Gesetzeslage nicht mehr zeitgemäß ist und eigentlich nach EAR mit komfortablen Parkmöglichkeiten geplant werden müsste. Dies weiß auch die/der Verkehrsplaner:in.

Sehr komplex wird es bei der Stellplatz-konzeption einer Mischnutzung aus Büro, Wohnen und Einzelhandel. Auch hier sind sämtliche Anforderungen der geltenden Stellplatzsatzung zu erfüllen. Meist geht es um den Nachweis einer sehr hohen Anzahl von Stellplätzen. Die Bedarfszeiten von Stellplätzen für die jeweilige Nutzung sind so unter-schiedlich, dass in einer qualifizierten Stellplatzermittlung Synergieeffekte nachzuweisen sind. Ein Kinobesuch bei-spielsweise findet in der Regel vorwie-gend am Abend statt, während Büro-arbeit von 9 bis 18 Uhr geleistet wird. Das heißt, die Anzahl der Stellplätze für beide Nutzungen wird nicht addiert, da ihre Belegung sich zum Teil zeitlich überschneidet.

Der Stellplatznachweis zählt zu den Leistungen der/des Architekt:in, aber in komplizierten Fällen kann die Koopera-tion mit einer/einem kreativen Verkehrs-planer:in für eine Optimierung sorgen und im Zweifel sogar die Wirtschaftlich-keit des Projekts retten.

Neben dem Stellplatznachweis für Kraft-fahrzeuge ist immer auch der Nachweis von notwendigen Fahrradstellplätzen zu erbringen. In Zeiten stark wachsender E-Mobilität und Car-Sharing werden Fahrradstellplätze zunehmend wichtiger, während der Bedarf an Pkw-Stellplätzen zurückgeht. Der Platzbedarf für die ge-forderte Anzahl von Fahrradstellplätzen wird bei der Planung allerdings häufig unterschätzt. In Hamburg beispielsweise

müssen 2 Fahrradstellplätze für eine 60 m² große Wohnung und bis zu 5 Fahrrad-stellplätze für größere Wohnungen im Grundriss planerisch umgesetzt werden. Der Platzbedarf für Fahrradstellplätze ist also von vornherein bei der Planung realistisch einzuschätzen, anstatt der/dem Bauherr:in diese Fläche für Pkw-Stellplätze zu versprechen.

Eine Möglichkeit, von der Fachanwei-sung abzuweichen, besteht immer häufiger darin, ein Mobilitätskonzept vorzuschlagen, das einen Car-Sharing-Anteil mit einer Elektrifizierung der Pkw-Stellplätze verbindet. Hier sind der Kreativität keine Grenzen gesetzt, aber einen Rechtsanspruch gibt es darauf nicht. Auch eine gute ÖPNV-Anbindung ermöglicht das Verhandeln über eine Reduzierung der geforderten Stellplätze.

Beim Thema Stellplätze ist, ähnlich wie bei der Argumentation für Befreiungen vom Bebauungsplan, das Know-how der/des Architekt:in gefragt. Rechts-sicherheit erreicht man allerdings erst mit der Baugenehmigung. Es ist sinnvoll, zu allen Verhandlungen und Gesprächen mit der Stadt/Kommune Aktenvermerke zu machen und diese den Beteiligten als E-Mail-Attachment zu senden, um sie mit diesem Schriftstück an die Gesprächsergebnisse zu erinnern. Möglicherweise kann ein solches Dokument auch die Erreichung eines Vorbescheids oder einer Baugenehmi-gung beschleunigen.

Der Stellplatznachweis ist zu Beginn des Projekts vorzunehmen, da er aufgrund der für eine Stellplatzablöse zu erwartenden Kosten bei der Planung darüber entscheiden kann, ob ein Projekt wirtschaftlich ist oder nicht und möglicherweise nicht zur Ausführung kommt.

 **Schallschutzgutachter:in**

Generell unterscheidet man in äußeren und inneren Schallschutz. Am Anfang eines Projekts ist zunächst der äußere Schallschutz wichtig.

» Welche Lärmbelastung ist von außen zu erwarten?

Allein in Hamburg dürfte man in vielen Gebäuden aus den 50er-Jahren aufgrund des gestiegenen Verkehrsaufkommens und der damit einhergehenden Emissionen nach heutigen Standards nicht mehr wohnen. Ruhe gehört neben Luft und Licht zu gesunden Wohnverhältnissen. Insofern steigen die Anforderungen an den Schallschutz kontinuierlich und gewinnen Schallschutzgutachten zunehmend an Bedeutung. Verkehrs- oder Gewerbelärm, der von außen auf das Gebäude einwirkt, wird von einer/einem Schallschutzgutachter:in gemessen und bewertet.

Je nach Nutzungsart sind die Anforderungen an den äußeren Schallschutz unterschiedlich. Im Wohnungsbau ist zu jeder Tageszeit ein Schallpegel von 30 dB „am Kopfkissen" (im Schlafraum) bei geöffnetem Fenster nicht zu überschreiten. Misst man den Geräuschpegel mit einem Dezibelmessgerät an verschiedenen Stellen in einer Wohnung, wird man feststellen, dass man fast flüstern muss, um den Wert von 30 dB zu erreichen. Dafür gibt es zum Teil eigenartige Konstruktionen wie zum Beispiel kleine zu öffnende Klappen oder kleine unterteilte Fenster mit einer Prallscheibe davor. Für die Hamburger HafenCity wurden neuartige Fenstertypen entwickelt, um den dort geltenden Schallschutzanforderungen bei teilgeöffneten Fenstern gerecht zu werden.

Berücksichtigt die/der Architekt:in das Thema Schallschutz nicht bereits zu Beginn des Projekts, können nachträglich so hohe Kosten für Schallschutzmaßnahmen entstehen, dass eine geplante Wohnnutzung womöglich nicht realisiert werden kann.

Die DIN 4109 regelt den inneren Schallschutz. Jede/Jeder hat sich schon einmal in der eigenen Wohnung über Bohrgeräusche oder zu laute Musik aus der Nachbarwohnung gestört gefühlt. Schallübertragung durch Körperschall soll vermieden werden. Zur Gewährleistung des inneren Schallschutzes definieren wir Architekt:innen Materialklassen, Dichten und Detailausprägungen so, dass sie die Bestimmungen der DIN 4109 erfüllen.

 **Freiraum- oder Außenanlagenplaner:in**

Da ein Gebäude in den seltensten Fällen das komplette Grundstück ausfüllt, wird es auch von den Außenanlagen in das Umfeld eingebunden. Neben der gestalterischen Planung der Außenanlagen zählt zu den Aufgaben der/des Freiraumplaner:in auch die Planung der Versickerung von Regenwasser, sofern dies die Bodenverhältnisse zulassen, sowie die extensive bzw. intensive Dachbegrünung. Extensiv begrünte Dächer halten im Jahresmittel etwa 60 % bis 90 % der Gesamtniederschlags zurück, bei Intensivbegrünungen können es sogar bis zu 99 % des Niederschlags sein.

Dadurch werden die maximalen Abflussspitzen bei Starkregen um 50 % bis 100 % gemindert. Durch die Ausbildung eines Gründachs wird unter anderem die Regenwasserabgabe an die Kanalisation verzögert und reduziert bzw. verhindert so ein Überlaufen und Überschwemmungen. Vorgaben der Architekt:innen und bestimmter Fachplaner:innen, beispielsweise zu Feuerwehrumfahrten oder Luftschächten von Tiefgaragen, stellen häufig eine gestalterische Schwierigkeit dar, für die gemeinsam mit der/dem Außenanlagenplaner:in adäquate Lösungen gefunden werden müssen.

 **Tragwerksplaner:in**

Sie/Er beginnt ihre/seine Planung auf der Grundlage der Informationen, die sie/er aus dem Rohkonzept der/des Architekt:in und der Analyse der/des Bodengutachter:in gewonnen hat, um die Gründung sowie die großen Abmessungen der tragenden Struktur festzulegen. Am Anfang eines Projekts besteht die Tragwerksplanung lediglich aus der Vordimensionierung der Wände, der Decken, der Gründung. Diese Vorplanung hilft der/dem Architekt:in, in die richtige Richtung zu planen und die Frage zu klären, mit welchen Unwägbarkeiten sie/er möglicherweise zu rechnen hat.

Je mehr Berufserfahrung die/der Architekt:in hat, desto leichter fällt es ihr/ihm, die erforderliche Statik für die Vorplanung mitzudenken. Das bedeutet jedoch nicht, dass die Fachplaner:innen nicht schon in einem frühen Stadium herangezogen werden sollten. Falls eine/ein Bauherr:in eine/einen aus Sicht der/des Architekt:in dringend benötigten Fachplaner:in aus Kostengründen nicht beauftragen möchte, sollte die/der Architekt:in sie/ihn sofort davor warnen, dass dann möglicherweise in die falsche Richtung geplant wird und die Planung durch nachträgliche Umplanungen verkompliziert wird bis hin, dass der gesamte Bau komplett neu geplant werden muss. Aus diesem Grund ist es wichtig, bestimmte Fachplaner:innen, allen voran die/den Tragwerksplaner:in, schon am Anfang des Projekts mit ins Boot zu nehmen.

Die statische Berechnung sowie die Erstellung des statischen Konzepts fallen in Leistungsphase 4, später in die Ausführungsplanung bzw. in die Durchführungsplanung der haustechnischen Anlagen.

 **Brandschutzgutachter:in**

Sie/Er prüft die Planung gemeinsam mit der/dem Tragwerksplaner:in, um den baulichen Brandschutz zu gewährleisten. Die Wände müssen so dimensioniert sein, dass sie das Tragwerk sichern und gleichzeitig die entsprechende Brandschutzqualität aufweisen. Wohnungstrennwände zum Beispiel erfordern eine bestimmte Dicke, damit im Brandfall das Feuer nicht auf die benachbarten Wohnungen bzw. Gebäude überschlägt.

Dies verhindern Brandwände an Grundstücksgrenzen, wenn die Gebäude in geschlossener Bauweise errichtet sind, die geforderten Abstandsregeln einhalten oder in einem Winkel zueinander stehen. Der Richtwert des Brandabstands beträgt 5 m. Fensteröffnungen in Wänden unterliegen ebenfalls Abstandsregeln, um einen Brandüberschlag zu vermeiden. Zudem muss in einem Wohngebäude der erste Rettungsweg

als baulicher Rettungsweg sichergestellt sein (Treppenhaus).

Der zweite Rettungsweg wird im Wohnungsbau meist über ein Fenster (Mindestmaße 90 cm x 120 cm i. L.) gewährleistet, sofern es die Möglichkeit des Anleiterns gibt. Dies übernimmt die Feuerwehr, für die ausreichend große Aufstellflächen in der Planung vorgehalten werden müssen. Anleitern bedeutet, dass die Leiter des Feuerwehrfahrzeugs den Fluchtweg erreicht und die Personen entfluchten kann.

Ist eine Straße zu schmal, liegt das Gebäude in einem unerreichbaren Innenhof, verhindern Baumkronen die Erreichbarkeit des Fensters bzw. Balkons, oder ist der oberste Fußboden des Gebäudes höher als 22 m über Straßenniveau gelegen, dann ist ein Sicherheitstreppenhaus notwendig.

Generell ist ein Sicherheitstreppenhaus immer dann notwendig, wenn kein zweiter baulicher Rettungsweg oder kein zweiter Rettungsweg über Anleiterung der Feuerwehr möglich ist. Das Sicherheitstreppenhaus ist ein eigenes Thema und bedarf eines detaillierten Erklärungsbedarfs im Einzelfall, jedoch ist hier verkürzend festzuhalten, dass es so angelegt ist, dass durch eine Überdrucksituation im Treppenhaus eine Verrauchung im Brandfall verhindert wird und der Fluchtweg gesichert ist. Der zweite Rettungsweg wird als Rückfallposition bzw. als Alternative angeboten, falls das „normale" Treppenhaus durch Verrauchung als erster Fluchtweg ausfällt. Im Gebäude selbst sind Fluchtwege, Fluchtwegradien, Fluchtwegbreiten zu berücksichtigen. Der Brandschutz muss sowohl innerhalb als auch außerhalb des Gebäudes gewährleistet sein. Festgelegt ist dies in der DIN 4102, der Landesbauordnung und in Hamburg auch in den Bauprüfdiensten (BPD). Da der obligatorische Brandschutz inkl. Rettungswegen den Entwurf wesentlich beeinflusst, muss auch er schon zu Beginn in die Planung integriert werden.

 **TGA-Planer:in**

Die technische Gebäudeausrüstung (TGA), kurz Haustechnik, beeinflusst einen Entwurf ebenso stark wie die Brandschutzanforderungen. Früh ist mit der/dem Bauherr:in abzustimmen, welche technischen Standards festgelegt werden sollen. Angesichts der immer höheren Anforderungen an Nachhaltigkeit und Energieeinsparung wird auch die Haustechnik immer wichtiger, wie den Vorgaben der Energieeinsparverordnung, ENEV, bzw. dem Gebäudeenergiegesetz, GEG, zu entnehmen ist. Schon am Anfang eines Projekts muss der/dem Planer:in klar sein, welche Räume für die Haustechnik vorgesehen werden müssen, und auch, wie groß der Platzbedarf für

Schächte durch die Geschosse ist. Oft wird dieser unterschätzt und kann gerade beim Wohnungsbau einen großen Einfluss auf den Entwurf der Wohnungen haben, da diese immer effizienter geplant werden müssen. Ein Grundwissen der/des Architekt:in ist, wie bei allen anderen Fachplanungen auch, von Vorteil. Ebenso wie für die Anordnung tragender Wände, die in den Geschossen möglichst übereinander angeordnet werden sollten, gilt die frühzeitige Planung natürlich auch für Schächte, damit haustechnische Leitungen später nicht verzogen werden müssen. Verzüge von Leitungen sorgen in Räumen immer für unerwünschte, weil unschöne Abhängungen unter der Decke.

Durch die Schächte wird eine Vielzahl von Kanälen und Leitungen geführt, die für ein Gebäude wichtig sind. Hierzu gehören Kanäle für Lüftung, Wasserleitungen (Kalt- und Warmwasser), Heizungsleitungen, Abwasserleitungen für Schmutz- und Regenwasser sowie Elektroleitungen. Ingenieurbüros, die sich mit haustechnischen Anlagen beschäftigen, sind oftmals unterteilt in die Fachbereiche Entwässerung, Heizung, Lüftung und Stromversorgung.

Jeder Fachbereich hat meist seine:n eigene:n Ansprechpartner:in. Die Abstimmung des Architekt:innenentwurfs mit der technischen Gebäudeausrüstung (TGA-Planung) ist somit auch die komplexeste. Hier ist besondere Achtung geboten, damit die Planung im späteren Prozess nicht mehrfach verändert werden muss. In der ersten Phase des Projekts sind ein lieber zu groß als zu knapp bemessener Raumbedarf für Kanäle und Schächte, die Vorgaben des Energiestandards sowie die Energieversorgung des Grundstücks ganz entscheidend.

Entwässerung

Für die Einreichung eines Bauantrags ist immer ein Entwässerungskonzept erforderlich. Um dieses erstellen zu können, sind folgende Fragen zu klären:

» Gibt es Schmutz-, Regenwasser- oder Mischwasserkanäle in der erschließenden Straße oder Siele auf dem Grundstück?

Informationen dazu erhält man im ersten Schritt über eine Leitungsauskunft.

» Fordert der Bebauungsplan die Versickerung von Regenwasser?

Diese ist dann zwingend nötig, wenn die Kanäle nicht genügend Kapazitäten zur Durchleitung von Regenwasser haben oder eine natürliche Versickerung gewünscht ist.

» Gibt es Bereiche auf dem Grundstück, wohin das Regenwasser geführt werden kann?

» Müssen Mulden ausgebildet oder Rigolen geplant werden?

» An welchen Stellen fließt von den geplanten Dachflächen das Wasser ab?

» Welches Dachgefälle gibt es, an welchen Stellen befinden sich Fallrohre?

Achtung: Fallrohre und Entwässerungspunkte, die nicht rechtzeitig durchdacht sind, können die Ansichten ästhetisch sehr zum Nachteil verändern. Von einer innenliegenden Entwässerung wird oft Abstand genommen, da sie schwer revisionierbar ist. Auch bei Balkonen und Loggien sind immer Entwässerungen zu planen, die ein Fallrohr zur Folge haben – und nicht nur das: Es muss immer auch eine Notentwässerung für den Fall geben, dass die vorgesehene Entwässerung versagt. Auch eine Entwässerung für den Jahrhundertregenfall ist bei jeder Planung zu berücksichtigen und wird häufig dadurch erreicht, dass das Regenwasser auf dem Dach gestaut und zeitlich versetzt in die Kanalisation abgeleitet wird.

Heizung

Die Art der sogenannten Befeuerung des Gebäudes wird ebenfalls zu Beginn des Planungsprozesses geprüft. Benötigt werden u.a. Auskünfte zu diesen Fragen:

» Welche Leitungen für die Wärme- und Energieversorgung liegen in der Straße, an der sich das Grundstück befindet, oder gibt es etwa noch gar keine Energieträger?

» Ist eine Versorgung über Gas, Fernwärme oder Öl möglich?

» Welche Versorgung ist gewünscht?

» Soll das Gebäude autark versorgt werden und wenn ja, ist auf diesem Grundstück eine autarke Energieversorgung überhaupt realisierbar und rentabel?

In Großstädten ist in vielen Gebieten Fernwärme vorhanden, während im ländlichen Raum oft Gas der Energieträger für die Heizung ist. Vereinzelt sind noch Ölheizungen zu finden.

Aufgrund der steigenden Energiepreise werden regenerative Energien immer stärker nachgefragt. So gewinnen zum Beispiel Solarthermie, Geothermie, Wärmepumpen, Blockheizkraftwerke und Pelletheizungen zunehmend an Bedeutung. Aufgrund von Energieeinsparung und einer beispielsweise durch Geothermie erreichten Vorlauftemperatur für Heizsysteme ist die Beheizung von Wohnräumen nur durch eine Flächenheizung als Fußbodenheizung möglich. Insofern hat die Wahl der Befeuerungsart immer auch Einfluss auf die Ausstattung einer Wohnung.

Lüftung

Ein erheblicher Kostenfaktor ist eine Lüftungsanlage in einer Tiefgarage zur Abführung von Abgasen. Aus kostensparenden und ökologischen Gründen ist es Aufgabe der/des Architekt:in, gemeinsam mit der/dem Haustechnik-Ingenieur:in für eine möglichst natürliche Belüftung zu sorgen. Dazu muss die Garage einen Außenbezug haben.

Die/Der zuständige Ingenieur:in berechnet erforderliche Lüftungsquerschnitte, die je nach Zuschnitt der Garage strömungstechnisch sinnvoll gesetzt werden müssen. In der Regel wird das Garagentor als größte Öffnung angesetzt. Ergänzt wird diese Öffnung um Lichtschächte vor Kellerfenstern (Kasematten) oder Öffnungen in Innenhöfen, die sich dort als kleine Bauwerke bemerkbar machen.

Die/Der Brandschützer:in sorgt dafür, dass diese Öffnungen weit genug von den aufsteigenden Wänden des Gebäudes entfernt sind, damit im Brandfall weder Abgase noch Qualm in die Wohnungen eindringen können.

Die/Der Außenanlagenplaner:in ist dafür zuständig, dass die hierzu erforderlichen Bauwerke gestalterisch integriert werden. Unter dem Kostenaspekt ist die Vermeidung einer maschinellen Entrauchung von Tiefgaragen immer erstrebenswert. Das funktioniert allerdings nur bei einer Tiefgaragenebene. Eine zweite

Ebene ist aufgrund der dann notwendigen maschinellen Lüftung und Sprinkerung möglichst zu vermeiden, sofern das Grundstück und die Stellplatzanforderungen dies zulassen.

Aufgrund der erhöhten Anforderungen an die Energieeinsparung ist eine zentrale oder dezentrale Lüftungsanlage fester Bestandteil im Wohnungsbau. Das Lüften, das vor Jahren noch von der/dem Eigentümer:in oder Mieter:in manuell vorgenommen wurde, wird durch eine Lüftungsanlage optimiert und reduziert somit den Energieverbrauch, da durch falsches manuelles Lüften häufig zu viel Energie verbraucht wurde. Die Luft wird zum Beispiel über Zuluftöffnungen in der Fassade oder im Fenster zugeführt und über Abluftöffnungen in Nassräumen über das Dach abgeführt. Dies wird energetisch optimiert, wenn die Abluftwärme zurückgewonnen wird.

Eine solche Lüftungsanlage plant ebenfalls die/der Haustechnikingenieur:in, allerdings erst in einer späteren Phase des Projekts. Die Entscheidung, welche Anlage geplant werden soll, trifft die/der Bauherr:in und ist abhängig vom Budget. Einfluss auf die Planung hat diese Entscheidung auch auf die Größe der Haustechnikräume, der Schächte und der auf dem Dach unterzubringenden Anlagen. Da die Behörden eine „Techniklandschaft" auf dem Dach in der Regel nicht akzeptieren, muss unter Berücksichtigung des Budgets und der Energieeinsparverordnung einvernehmlich mit

der Behörde eine Lösung gefunden werden. Hierzu hat die/der Bauphysiker:in ihren/seinen Beitrag zu leisten.

Stromversorgung

Auch die Elektroplanung wird von den TGA-Planer:innen vorgenommen. Sie wird erst zu einem späteren Zeitpunkt wichtig für das Projekt, denn sie beeinflusst den Entwurf nur geringfügig, da sie keine großen Räume oder Schächte erfordert, die den Grundriss verändern könnten. Die Entwicklung des Smart Home bietet technische Verfahren und Systeme, um eine Wohnung bzw. ein Wohnhaus intelligent zu gestalten und über App-Steuerung unter anderem den Energieverbrauch im Blick zu haben.

 **Bauphysiker:in**

Ziel der zunehmend strengeren Energieeinsparverordnung ist die sukzessive Reduzierung des Energieverbrauchs und somit auch des CO_2-Ausstoßes. Die Förderungen der KfW (Kreditanstalt für Wiederaufbau) für beispielsweise ein KfW-40-Haus sollen einen Anreiz dafür bieten, die Minimalforderungen zu unterbieten.

Die/Der Bauphysiker:in ist im Team zuständig für die Berechnung und Optimierung des Energieverbrauchs.

Unter Berücksichtigung der haustechnischen Anlagen und der Energieversorgungsmöglichkeiten errechnet sie/er, wie die Bauteile gegen Außenluft und Boden isoliert sein müssen. Ein Bauteilkatalog bestimmt zum Beispiel den Außenwand- und den Dachaufbau.

Der Wärmedurchgangskoeffizient, der sogenannte U-Wert, der die Dämmeigenschaften der Bauteile misst, wird in Relation zur Hüllfläche gesetzt und der Energieverbrauch pro Quadratmeter Hüllfläche pro Jahr angegeben. Die Bauteile sollten relativ früh in der Planung feststehen, da stärkere Außenwände bei einem konstanten Baufeld zu Flächenverlusten führen, die die Wirtschaftlichkeit eines Projekts und somit den Entwurf beeinflussen können.

Zudem berechnet die/der Bauphysiker:in die sommerlichen Wärmeeinträge in das Gebäude und definiert die Maßnahmen für den sommerlichen Wärmeschutz, mit denen zusätzliche energetische Aufwendungen zur Kühlung des Gebäudes vermieden werden können – zum Beispiel entsprechende Fenstergrößen und Glasarten sowie einen außenliegenden Sonnenschutz. Im Allgemeinen sind die planerischen Vorgaben des Bauteilkatalogs und des sommerlichen Wärmeschutzes im Gegensatz zu Schachtgrößen und Haustechnikräumen relativ gering.

Die Resultate der Vermesser:innen (Topografie und Grundstücksgröße), Bodengutachter:innen (Bodenverhältnisse), Verkehrsplaner:innen, Brandschützer:innen (Erschließung, Stellplätze, Feuerwehraufstellflächen), Baumgutachter:innen (Fällung von Bäumen) sind entscheidend für die Gebäudekubatur und die Grundfläche. Für die bautechnischen Bedarfe im Gebäude sind zunächst die Statiker:innen und Haustechnik-Ingenieur:innen wichtig, um schnell zu eruieren, wieviel Mietfläche von der Bruttogrundfläche übrig bleibt, um hieraus eine Wirtschaftlichkeit ermitteln zu können. Mit ein wenig Erfahrung können Architekt:innen schon vorab den Faktor Mietfläche zu Bruttogeschossfläche bestimmen und diesen der/dem Bauherr:in als erreichbares Ziel vermitteln.

 **Projektsteuerer:in**

Bei größeren Bauvorhaben bestehen Bauherr:innen häufig auf die Mitwirkung einer/eines Projektsteuerer:in, die/der gemeinsam mit der/dem Architekt:in das Zeitfenster für die Abarbeitung der Leistungsphasen festlegt, denn auch die Dauer der Planung und des Bauens stellen einen hohen Kostenfaktor dar. Stetig anwachsende Grundstücks- und Materialpreise sowie steigende Kosten für die Leistungen der Bauunternehmen erfordern eine genaue Terminierung des Planungs- und Bauablaufs. Die Nebenkosten für ein Projekt, zum Beispiel die Finanzierungskosten, steigen ebenfalls bei einer unkalkulierten Festlegung einer Zeitspanne.

Ein weiteres Risiko für die/den Bauherr:in könnte in einem von der Konkurrenz gestarteten Wohnungsbau im Umkreis ihres/seines eigenen Bauvorhabens bestehen. Baut die Konkurrenz womöglich 300 Wohnungen, die zeitgleich mit ihren/seinen Wohnungen auf den Markt kommen, weil es in ihrer/seiner Planung zu Verzögerungen gekommen ist, besteht die Gefahr eines Überangebots mit der Folge, dass die von ihr/ihm kalkulierten Miet- bzw. Kaufpreise sich nicht mehr realisieren lassen.

Die Projektsteuerer:innen unterstützen die Bauherr:innen als deren Vertreter:innen beim Erstellen und Koordinieren des Projekts. Dazu nehmen sie u.a. an den Besprechungen der Planung teil, führen Gesprächsprotokolle, stellen bezogen auf das Projekt und alle daran Beteiligten die Organisations-, Termin- und Zahlungspläne auf und kontrollieren deren Einhaltung. Bekommt die/der Architekt:in die Projektsteuerung von der/dem Bauherr:in übertragen, verzweifelt sie/er oft angesichts der Komplexität: so viele Beteiligte, die zu koordinieren sind, so viele Normen und Gesetze, die einzuhalten sind, und so viele Einschränkungen, die in Kauf genommen werden müssen!

Fazit zur Zusammenarbeit von Architekt:innen und Fachplaner:innen

Das Wissen von Architekt:innen um spezifische Inhalte der Fachdisziplinen ist wichtig, damit sie in der Lage sind, die vorgeschlagenen Maßnahmen der Fachplaner:innen verstehen, kritisch hinterfragen und Alternativen vorschlagen zu können. Übernehmen sie alle Vorschläge der Fachplaner:innen 1:1, könnte sich dies als fatal erweisen.

Beispiel

Eine in der Architekt:inplanung an einer bestimmten Stelle vorgesehene Stütze, die laut Tragwerksplaner:in dort keinen Sinn macht, könnte dazu führen, dass die komplette Planung geändert werden muss. Das Wissen um das Tragwerk ermöglicht der/dem Architekt:in jedoch, eine von der/dem Tragwerksplaner:in an einer bestimmten Stelle vorgesehene Stütze zu verschieben oder durch eine tragende Wand zu ersetzen.

Es ist immer von Vorteil, wenn Architekt:innen sich möglichst viel Fachwissen angeeignet haben, um Problemstellungen kreativ und konstruktiv lösen zu können. Bei komplexen Aufgabenstellungen sind sie zwar auf Fachplaner:innen angewiesen, die Zusammenarbeit ist aber umso fruchtbarer, je mehr Wissen die/der Architekt:in in den Dialog mit ihnen einbringen kann.

Das bisherige Planungsszenario besteht nun aus dem Grundstück, dem Vorkonzept und dem Team aus:

» Vermessungsingenieur:in
» Baumgutachter:in
» Bodengutachter:in
» Verkehrsgutachter:in
» TGA-Planer:in
» Brandschutzgutachter:in
» Schallschutzgutachter:in
» Bauphysiker:in
» Tragwerksplaner:in
» Freiraumplaner:in

Bei komplexeren Bauvorhaben werden zusätzlich eine/ein Fassadenplaner:in und möglicherweise auch eine/ein Aufzugsplaner:in hinzugezogen.

Die wichtigsten externen Teamplayer:innen sind die Tragwerksplaner:innen, TGA-Planer:innen und Brandschutzgutachter:innen. Mit ihnen ist die/der Architekt:in über alle Projektphasen hinweg im Dialog, während die anderen Fachplaner:innen, wie zum Beispiel die/der Vermessungsingenieur:in und die/der Bodengutachter:in, am Anfang des Projekts und die/der Fassadenplaner:in während der Ausführungsplanung in Leistungsphase 5 beteiligt sind.

In der Praxis geht es nicht nur darum, ein Gebäude zu entwerfen, das die/den Bauherr:in überzeugt. Bereits in der „freien Entwurfsphase" geben viele Beteiligte die Richtung vor, sodass man als Architekt:in nicht ganz so frei ist, wie man es

sich wünscht. In der Entwurfsplanung sind neben den Grundrissen und der Funktionalität alle Variablen, die es im Wohnungsbau gibt, zu berücksichtigen.

 **3. Die wichtigsten DIN-Normen und Verordnungen im Wohnungsbau**

Die DIN-Normen muss die/der Architekt:in gut kennen, weil sie 1:1 in die Planung übernommen werden.

» Die Flächenberechnungsnorm für Wohnflächen ist die DIN 277.

» Für den Brandschutz gilt die DIN 4102,

» für den Wärmeschutz die DIN 4108,

» für den Schallschutz die DIN 4109.

» In Hamburg wird für barrierefreie Wohnungen in jedem Gebäude die DIN 4802 gebraucht.

» Um Bäder und Küchen nicht falsch zu planen, ist die Kenntnis der VGI 6000, früher DIN 1824, wichtig, die zum Beispiel auch zur Klärung folgender Fragen hilfreich ist: Wie viel Arbeitsfläche wird in der Küche gebraucht? Wie viel Raum wird für ein WC benötigt? Wie weit darf das WC von der Wand entfernt hängen?

» Obwohl es die Möglichkeit gibt, zum Beispiel Treppen in 3D zu konfigurieren, ist es immer sinnvoll, sich die DIN 1865 anzusehen und einmal eine Treppe in 2D zu zeichnen. Das übt sehr! Die häufigsten Fehler unterlaufen Berufsanfängern. Bei ihnen sind die Treppen immer zu klein, die Radien und Handlaufhöhen stimmen nicht, bei Bädern und Treppen wird häufig an Raum gespart, und am Ende muss die/der ausführungsplanende Architekt:in diese Treppen und Bäder wieder vergrößern, damit sie funktional sind und der Norm entsprechen.

Bei den anderen DIN-Normen, Brandschutz, Wärmeschutz, Schallschutz, sind die Fachingenieur:innen mit ihrer jeweiligen Kompetenz hilfreich, aber die Basics sollte man als Architekt:in unbedingt kennen.

Exemplarische Projektunterlagen für Bauanträge, Gutachten, Fachpläne etc. siehe Appendix

Check-up Essentials

Grundlagen

- ☐ Genius loci
- ☐ Nutzungsarten
- ☐ Bebauungsplan
- ☐ Baurecht
- ☐ Idee
- ☐ Budget
- ☐ Kosteneinschätzung
- ☐ Förderung
- ☐ Barrierefreiheit
- ☐ Zertifizierung
- ☐ Nachhaltigkeit

Team

- ☐ Vermessungsingenieur:in
- ☐ Bodengutachter:in
- ☐ Baumgutachter:in
- ☐ Verkehrsplaner:in
- ☐ Schallschutzgutachter:in
- ☐ Freiraum- oder Außenanlagenplaner:in
- ☐ Tragwerksplaner:in
- ☐ Brandschutzgutachter:in
- ☐ TGA-Planer:in
- ☐ Bauphysiker:in
- ☐ Projektsteuerer:in

Architekt+Ingenieur – Nachhaltiger und bezahlbarer Wohnungsbau
Entwurfsentwicklung für Baufeld 98, Baakenhafen / HafenCity
Interdisziplinäres Seminar, HafenCity Universität (HCU)_WiSe 2020 / 21

Dozenten
Prof. Dipl.-Ing. Reinhold Johrendt
Dipl.-Ing. Frank Buken
Prof. Dr.-Ing. Wolfgang Willkomm
Prof. Dr.-Ing. Peter Klotz

Wissenschaftliche Assistenz
Dr.-Ing. Bernd Pastuschka
Dipl.-Ing. (FH) Martin Hertel

Aufgabe

Aufgabe ist die Erarbeitung eines
Konzepts für das Baufeld 98 Baaken-
hafen in der HafenCity Hamburg mit rd.
1.679 m^2 Fläche nach Platin Standard
der HafenCity Hamburg GmbH. Gegenstand ist der Entwurf eines Wohnhauses
mit Teilbereichen des Erdgeschosses
für publikumsbezogene Nutzung (Kita,
Ateliers, Gastronomie). Grundlage der
Planung ist der Bebauungsplan der
HafenCity 14, der eine winkelförmige
Form vorsieht mit einer GRZ von 0,6.

Erwartet wird ein städtebaulicher architektonisch attraktiver, funktionaler und
wirtschaftlicher Bau. Eine als weiße
Wanne ausgebildete Tiefgarage ist
vorläufig nicht Teil des Entwurfs,
deren Erschließung muss jedoch in
jedem Fall berücksichtigt werden.

Der Bebauungsplan sieht für die Dachfläche oberhalb des 7. Obergeschosses

einen Begrünungsanteil von mindestens
30 % extensiv und 20 % intensiv vor.
Die Nutzung steht allen Bewohner:innen
als privater Außenraum zur Verfügung.
Diese Freiräume müssen über die Trep-
penhäuser zugänglich gemacht werden.

Um eine großzügig anmutende Sockelzone zu erreichen, soll die Oberkante
des Fußbodens des 1. Obergeschosses
auf mind. 5,5 m über der angrenzenden
Geländekante liegen. Ferner ist es möglich, im EG eine Galerieebene einzuziehen, die nicht auf die Geschossanzahl
(7 Vollgeschosse) angerechnet wird.

BAUFELD 98 BAAKENHAFEN, HAFENCITY – Entwurf von Insa-Charlotte B

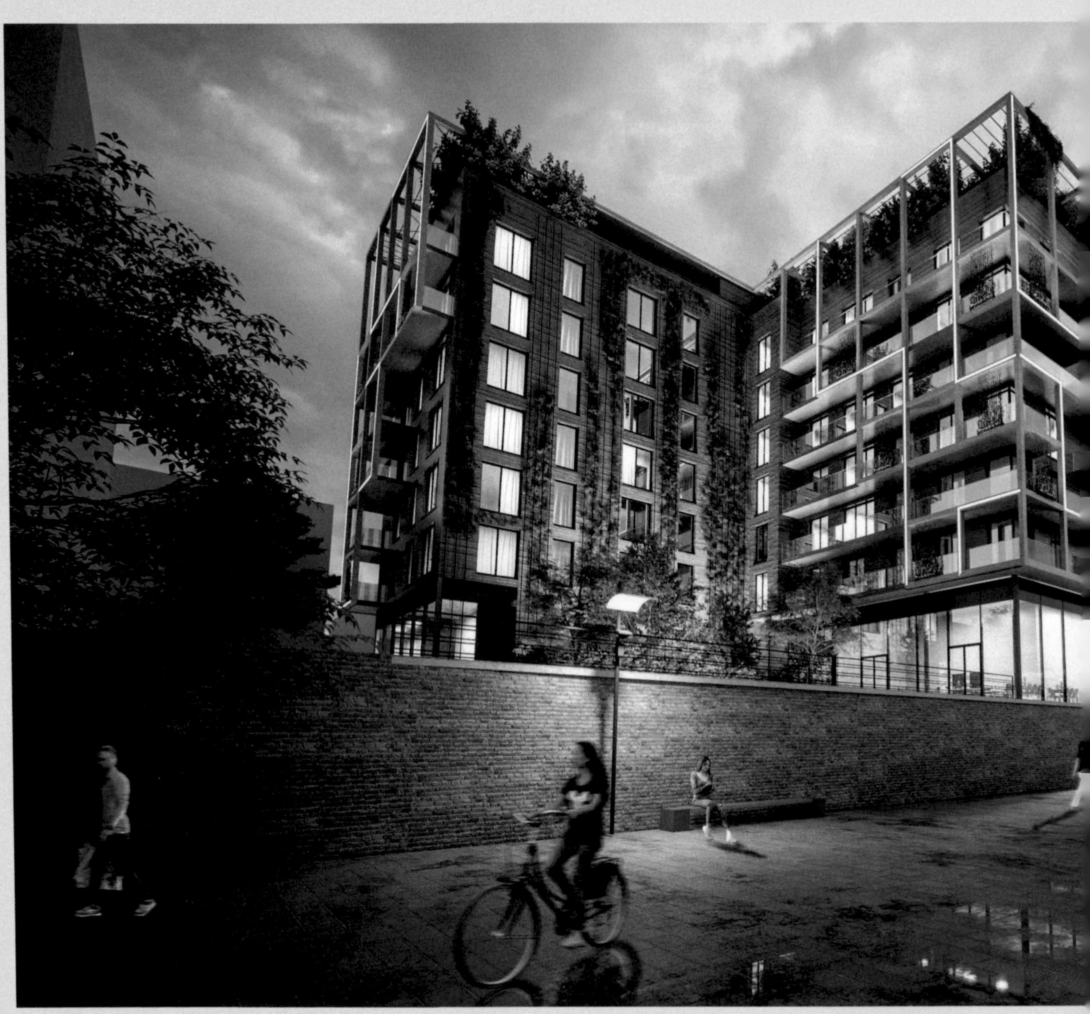

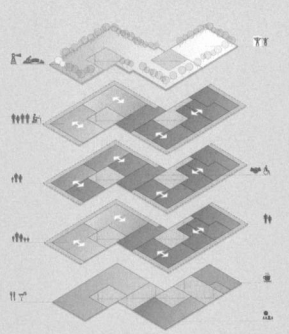

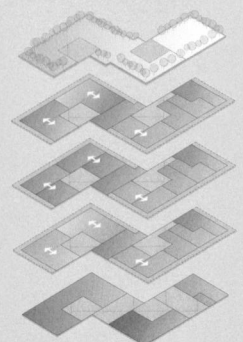

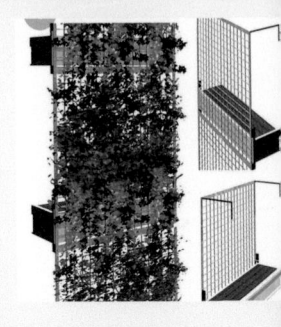

und Saboor Ghayour

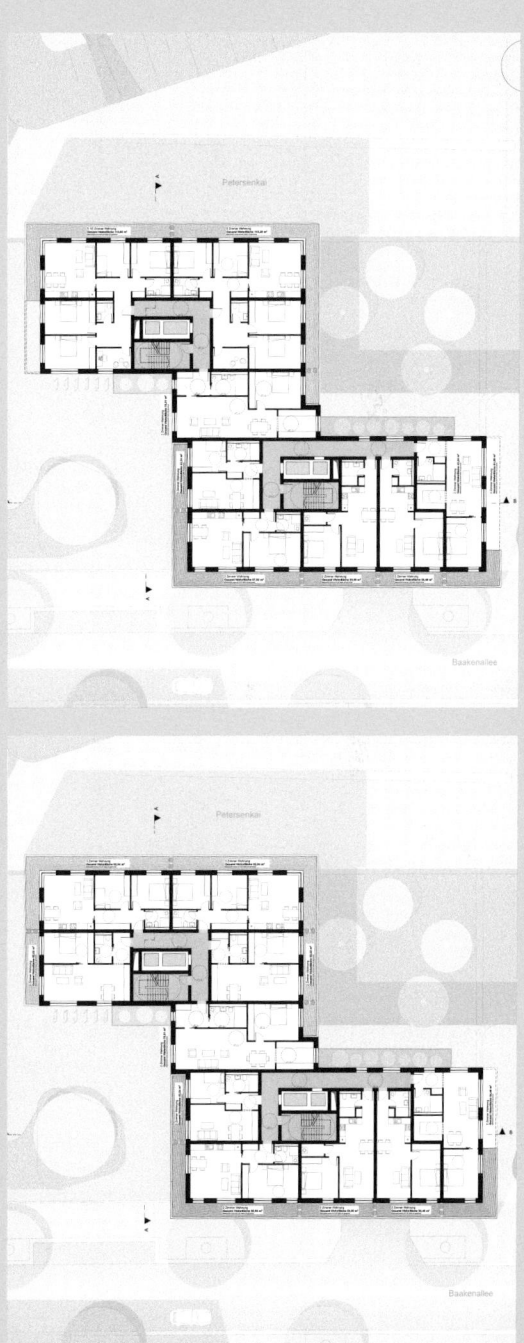

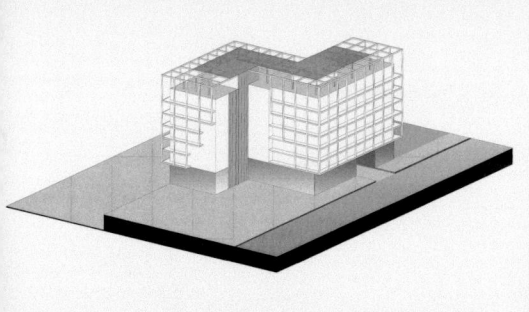

Quartiersentwicklung
VIERZIG 549

BAUHERRIN
DIE WOHNKOMPANIE NRW GmbH

STANDORT
Oberkassel, Düsseldorf

GRUNDSTÜCKSGRÖSSE
11,5 ha

BGF
140.00 m²

2011
Massenstudie von Bothe Richter Teherani
Architekten BDA, Hamburg

Determinanten des Makro- und Mikrostandortes:
InWIS-Langgutachten, Markt- und Standortanalyse
"Böhlerstraße / Hansaallee" in Düsseldorf-Heerdt im
Auftrag der Grundstücksgesellschaft Merkur
Hansaallee GmbH & Co. KG

2012
Auslobung des städtebaulichen Gutachterverfahrens
in zwei Bearbeitungsphasen

2013
1. Bearbeitungsphase
2. Bearbeitungsphase

2015
Masterplan (Januar), Gestaltungssatzung
Kick-off-Meeting Architektur und Fachplanung
für 1. Bauabschnitt (Mai)

2016
Grundsteinlegung für 1. Bauabschnitt (30. September)

2019
Fertigstellung des 1. Bauabschnitts – Baufelder 2.6,
2.7 und 2.8
2. bis 5. Bauabschnitt in Planung

2022
Fertigstellung der Parkgarage

2030
Fertigstellung des Gesamtquartiers

Entwurfsteams Städtebaulicher Wettbewerb 2012

Bothe Richter Teherani Architekten BDA, Hamburg mit
Hadi Teherani AG (Landschaftsarchitekt) Hamburg

Schenk + Waiblinger Architekten, Hamburg mit
TGP Trüper Gondesen Partner Landschaftsarchitekten, Lübeck

GKK Architekten Gössler Kinz Kreienbaum mit
Munder und Erzepky Landschaftsarchitekten,
beide Hamburg

nps Tchoban Voss Architekten, seit 2015 pbp prasch
buken partner architekten BDA, Hamburg mit
JKL Junker + Kollegen Landschaftsarchitektur,
Georgsmarienhütte

Thomas Müller Ivan Reimann, Berlin mit
Vogt Landschaft GmbH, Berlin

Behnisch Architekten, Stuttgart mit
Behnisch Architekten (Landschaftsarchitekt),
Stuttgart

Baumschlager Eberle, Berlin mit
sinai Freiraumplanung und Projektsteuerung
GmbH, Berlin

Stefan Forster Architekten, Frankfurt a.M. mit
Hanke Kappes + Kollegen GmbH, Sulzbach

Schuster Architekten, Düsseldorf mit
nsp landschaftsarchitekten stadtplaner, Hannover

RKW, Düsseldorf mit
GTL Landschaftsarchitekten, Düsseldorf

Quartiersentwicklung vom Wettbewerb über den Masterplan zum B-Plan, vom Wohnblock zur Wohnung VIERZIG 549 – Wohnen am Forum Oberkassel, Düsseldorf

Frank Buken

Städtebauliche Großprojekte zu planen zählt im Berufsalltag eines Architekten eher zu den Ausnahmen. Die städtebauliche Neuplanung eines Stadtteils/Quartiers ist eine sehr herausfordernde Aufgabe mit vielen Akteur:innen. prasch buken partner architekten BDA begleitete dieses komplexe Projekt vom Wettbewerbsgewinn über die Erstellung eines Masterplanes, das B-Plan-Verfahren, die Festlegung der Gestaltungsrichtlinien bis hin zur Realisierung einzelner Bauabschnitte. Anhand des städtebaulichen Quartiers VIERZIG 549 mit Wohn-, Büro- und Einzelhandelsnutzung sowie Kita und Gewerbe werden im Folgenden die Entwicklungsschritte einer Quartiersentwicklung im Einzelnen erläutert.

1. Analyse des Informationsmaterials sowie der Gegebenheiten vor Ort und des Umfelds

Das zu beplanende Areal liegt inmitten des von Industrie und Gewerbe geprägten Stadtteils Düsseldorf-Heerdt. Das Grundstück sollte in ein Wohngebiet mit eigener gewerblicher Infrastruktur zu einem neuen Stadtteil mit Wohnungen, Kita, Boardinghaus, Seniorenapartments, Einzelhandel und Büros umgewandelt

werden. Aus einer im Jahr 2011 vorgenommenen Bestandsbeurteilung, dem InWIS Langgutachten, gingen folgende Aspekte hervor:

» „Mit der Mauer-Einfassung und einem hohen Schornstein, welcher eine weithin sichtbare Landmarke bildet, stellen die (Böhler-)Werke ein identitätsstiftendes Element am Standort dar."

» „Insgesamt verfügt die Mikrolage durch ihre gewerbliche Prägung über eine 'Insellage', eine siedlungsstrukturelle Verknüpfung zu den umliegenden Wohngebieten ist kaum gegeben."

» „Die Lageeigenschaften bieten die Chance, am Standort ein autarkes Wohnquartier mit eigenen Qualitäten zu entwickeln."

» „Da der Standort vollständig neu entwickelt wird, ist die Zielgruppenansprache stark von der konkreten konzeptionellen Gestaltung abhängig."

Luftbilder Planungsgebiet

Grundstücksfotos Bürogebäude Hansaallee

Grundstücksfotos Bürogebäude Böhlerstraße

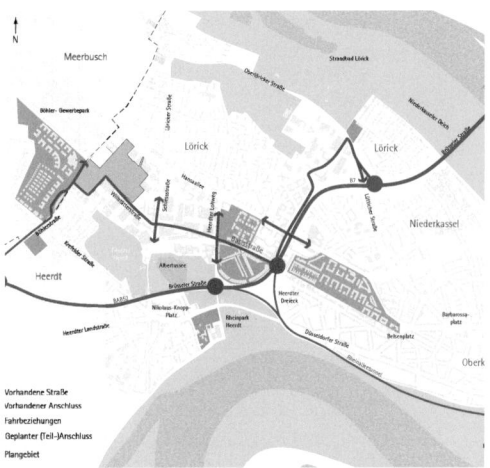

Wohnbauquartiere – Umgebung und Vernetzung

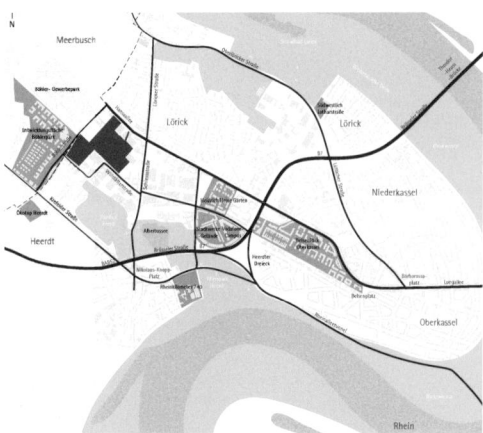

Erschließung Wohnbauquartiere Umgebung

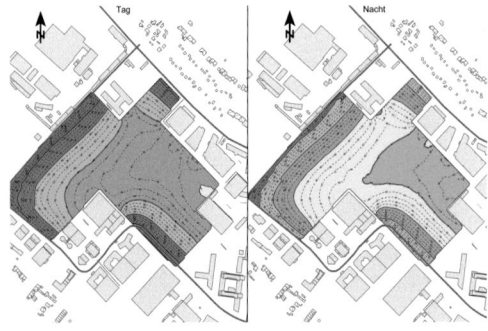

Lärmemission   Tag | Nacht

Zum Start des Architektenwettbewerbs übernahmen wir das Grundstück als Industriebrache. Teilweise war es geräumt, teilweise waren aber auch noch vermietete Bestandsgebäude darauf zu finden. An der Hansaallee war mit dem Forum Oberkassel der „Auftakt" des neuen Quartiers bereits Jahre zuvor gebaut worden. Dieses besteht aus einem Kinokomplex und zwei Bürogebäuden mit Gastronomie an einer beginnenden diagonal angelegten Achse durch das künftige Quartier.

Die Emissionen der im Umfeld vorhandenen Industriebetriebe und eine Zubringerstraße zur Autobahn (Ausbau in Planung) ließen schon von vornherein erahnen, dass ein massives Schallschutzproblem zu bewältigen sein würde.

Auf einer Gesamtfläche von rund 11,5 ha sollten etwa 140.000 m² Bruttogeschossfläche mit ca. 1.400 Wohneinheiten entstehen. Zum Vergleich sei hier auf die Masterplanung Neue Mitte Altona verwiesen; dort entstanden 1.600 Wohneinheiten auf 12,3 ha mit einem Grün- und Freiflächenanteil von 3 ha.

Für ein ähnliches Projekt hatte prasch buken partner architekten BDA (im Folgenden pbp) an dem internationalen Wettbewerb South Gate in Budapest teilgenommen und hier gemeinsam mit dem ungarischen Büro FBIS Architects den 4. Preis erreicht.

Masterplan auf Grundlage des städtebaulichen land-
schaftsplanerischen WB 2010 des Architekturbüros
André Poitiers mit arbos Freiraumplanung, 1. Preis

Internationaler Masterplan Designwettbewerb 2019,
135 ha. Das Programm beinhaltet eine StudentCity
für 1.200 Studenten. pbp mit FBIS Architects
(Gergely Fernezelyi), 4. Preis

Diese Größenordnung eines Stadtteils/
Quartiers zieht die Frage der zusätzlichen Infrastruktur für 3.000 bis 4.000
Bewohner:innen nach sich, die parallel
zu den Wohnungen geplant werden
muss. Dieser gesamtheitlichen Heraus-
forderung stellte pbp sich in einem
Zwei-Phasen-Wettbewerb. Dieser sah
vor, in einem ersten Schritt die drei
favorisierten Entwürfe aus 12 Architekturbüros und in einer zweiten Phase die
Anmerkungen der Jury aus der ersten
Phase einzuarbeiten und nochmals zu
präsentieren. Aus diesem Wettbewerbsverfahren ging nps/pbp als Gewinner
hervor und wurde mit der Begleitung
des Bebauungsplanverfahrens beauftragt.

2. Umsetzung der Wettbewerbsauslobung

Die Auslobung des Architektenwettbewerbs hatte eine grobe Aufteilung von
Wohnungstypen und Stadtteilinfrastruk-
tur vorgegeben, die es umzusetzen galt.

So planten wir im nächsten Schritt die
Lage der Infrastruktur des gesamten
Stadtteils: verschiedene Wohnungstypen,
Kita, Nahversorger (Anbieter von Gütern
des täglichen Bedarfs, vor allem von
Lebensmitteln und Dienstleistungen,
die zentral gelegen und fußläufig zu
erreichen sind), Einzelhandel und
Gesundheitszentrum.

Nutzung	Anzahl der PKW-Stellplätze
Wohnen	
Flexibles Wohnen	
(Boardinghouse/Studentenwohnen)	1 p. Wohnung
Wohntyp A–F	1 p. Wohnung
Besucherstellplätze Wohnen	20%
Nahversorgung + Gastronomie	190
Gesundheit & Fitness	260
Kita	4

Nutzung	Anzahl der Fahrrad-Stellplätze	davon Besucher
Mietwohnungsbau	1 p. 40 qm Wohnfläche	20%
Eigentumswohnungsbau	1 p. 40 qm Wohnfläche	20%
Flexibles Wohnen	1 p. 40 qm Wohnfläche	20%
Kita	1 p. 10 Kindergartenplätze	50%
Nahversorgung	1 p. 50 qm Verkaufsfläche	75%
Gastronomie	1 p. 10–20 qm Gastraum	90%
Gesundheitszentrum	1 p. 70 qm Nutzfläche	75%
Fitness	1 p. 10 Kleiderablagen	90%

Vorgaben Stellplätze/Nutzung (Auslobung)

2.1 Definition der Wohnungstypen

Die Wohnungstypen wurden mit einem Wohnungsschlüssel festgelegt. Hierfür ließ der Bauherr eine umfeldbasierte Analyse erstellen – keine Selbstverständlichkeit. Häufig muss man den Bauherrn fragen, welchen Wohnungsschlüssel er vorsieht. Ohne Wohnungsschlüssel kann man nicht anfangen zu planen, denn es besteht die Gefahr, dass am Ende die Anzahl der Wohnungen nicht dem Bedarf entspricht und damit nicht wirtschaftlich ist bzw. nicht verkauft oder vermietet werden kann.

Aus unserem Wettbewerbsvorschlag ist ersichtlich, wo in der Umgebung Wohnungen gebaut wurden.

2.2 Beschaffenheit der verkehrlichen Erschließung

Hier achteten wir darauf, dass der Quartiersverkehr funktioniert, der weitere Verkehr keine Abkürzungsmöglichkeit erhält und somit das Wohnquartier nicht belastet. Es sollte keinen Shortcut zwischen der Willstätter Straße und der Hansaallee geben.

Zudem sollten die Fahrzeuge möglichst in Tiefgaragen untergebracht werden, damit der neue Stadtteil möglichst autofrei bleibt. In Einklang zu bringen waren zudem Besucherstellplätze, Müllfahrzeug-, Feuerwehrfahrzeug- und Fahrradverkehr sowie Fußwege.

Wohntyp	Anteil	Wohnflächen	Hinweise
Wohntyp A	ca. 20%	Erdgeschosswohnung: 100qm -140 qm Etagenwohnung: 80 qm -140 qm Geförderter Wohnungsbau	Zielgruppen: Familien, Paare Platzierung in den schwächeren Teillagen des Quartiers Große Wohnungen mit mittlerem bis gehobenem Ausstattungsstandard Vorrangig Mietwohnungen Maisonettes und/oder EG-Wohnungen mit Gartenanteil denkbar Verzicht auf Penthouse-Wohnungen Balkone, Terrassen, Gärten Wohnraumförderbestimmungen NRW sind beim geförderten Wohnungsbau zu beachten (Förderwege A und B) Generationsübergreifendes Wohnen
Wohntyp B	ca. 50%	Erdgeschosswohnung: 90 qm - 140 qm Etagenwohnung: 60 qm -120 qm Penthousewohnungen: 100 qm – 140 qm	Zielgruppen: Familien, Paare, Singles Mengen-Schwerpunkt im Quartier Mittlere bis große Wohnungen mit gehobenem Ausstattungsstandard Miet- und Eigentumswohnungen (je nach Mikrolage) Balkone, Terrassen, Gärten
Wohntyp C	ca. 10%	Erdgeschosswohnung: 100 qm - 140 qm Etagenwohnung: 80 qm -140 qm Penthousewohnungen 120 qm – 160 qm	Zielgruppen: Paare, Singles Nachfragetreiber in den besten Teillagen des Quartiers Große Wohnungen mit gehobenem bis exklusiven Ausstattungsstandard Vorrangig Eigentumswohnungen Hochwertige, unverwechselbare Architektur Balkone, Terrassen, Gärten
Wohntypen D-F	ca. 20%		Zielgruppen: Familien, Paare Stadthäuser/Reihenhäuser mit urbanem Charakter Eigentum, zugordnete Gärten
Wohntyp D Stadthaus	s.o.	120 qm	80 qm Garten
Wohntyp E Stadthaus	s.o.	140 qm	80 qm Garten
Wohntyp F Stadthaus	s.o	160 qm	100 qm Garten
Flexibles Wohnen Boardinghaus, Studentenwohnen		Ca. 40- 50 qm	Möblierte Apartments Zielgruppenspezifische Serviceangebote (z.B. Concierge, Wäsche-Reinigungsservice, etc.) Balkone

Vorgaben Wohnungsmix (Auslobung)

2.3 Grünzüge

» Wünscht die Stadt Grünzüge, die über geordnete Grünflächen in der Stadt verbinden, und gibt es dazu eine Planung der Stadt?

» Sind Blickachsen zu berücksichtigen, um Blickpunkte künftig verbunden zu sehen?

Diese und weitere zu berücksichtigende Anforderungen stehen bereits in der Auslobung und müssen neben den technischen Vorgaben weitestgehend erfüllt werden.

2.4 Informationen zu den vorhandenen Gebäudekubaturen bzw. Bestandsgebäuden in der Umgebung

Wir erhielten zum Beispiel Informationen zum Böhler-Stahlwerk, das inzwischen zu einem Veranstaltungszentrum umgebaut wurde, zu einem Kino an der Hansaallee (Forum Oberkassel) und einem

Fitnessstudio vorab in der Auslobung, um die Lage der Quartiersinfrastruktur und die Umgebung analysieren und bewerten zu können.

2.5 Einflüsse aus der Umgebung (Lärmemissionen)

Die farblich angelegten Flächen in der vom Schallschutzgutachter gefertigten Visualisierung (siehe Abb. Lärmemission S. 110) zeigen die Schallemissionen von niedrig (grün) bis hin zu einer hohen Lärmbelastung (rot).

» Wie ist das Planungsziel von 30 dB im Schlafraum zum Beispiel an einer Straße, die von Schallimmissionen stark betroffen ist, zu erreichen?

Die Lösung bestand in der Planung von Schallschutzriegeln, um die Lärmbelastung im rückliegenden Bereich für 800 Wohnungen zu minimieren. Das Schallschutzgutachten gibt darüber Auskunft, wie sich der Riegelbau tat-

Erschließungsfrequenz Planungsgebiet

Böhlerwerke

sächlich auswirkt. Man erkennt, dass die abschirmenden Gebäude für potenzielle Gebäude im rückwärtigen Bereich eine Schallbarriere darstellen und diese sich dann im „Schallschatten" befinden.

Durch eine kluge Anordnung von Gebäuden ist es möglich, dass lediglich die Gebäude zur Lärmquelle hohe Anforderungen an den Schallschutz stellen. Für die Gebäudeplanung gibt es hier unterschiedlichste Lösungsansätze. Generell gilt es die Schlafräume möglichst zur lärmabgewandten Seite zu planen. Sind die Lärmpegel extrem hoch, ist es u.U. nötig, alle Aufenthaltsräume dorthin zu verlegen. Erschließung, Bad und Küche liegen dann zur Lärmseite. Oftmals wird diese Situation durch eine Laubengangerschließung gelöst, die allerdings wenig wirtschaftlich und effizient gestaltbar ist. Leider ist auch die Ausrichtung der Wohnung bezüglich der Belichtung zu berücksichtigen und somit dieser Lösungsansatz nicht umzusetzen. Ist dies der Fall und müssen auch Aufenthaltsräume zur Lärmseite ausgerichtet werden, so sind technische Lösungen wie Schallschutzfenster, Fenster mit Festverglasung, in der Größe optimierte Öffnungen oder Wintergärten anstatt Balkone erforderlich.

Luftbild 1. Bauabschnitt in Bauphase

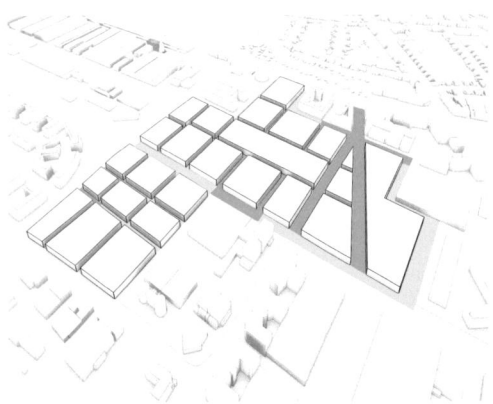

Grundstück des Planungsgebietes

Festlegung der Hauptachsen

Festlegung der Baufelder / Nebenachsen

3. Wettbewerbsentwurf

3.1 Achsen und städtebauliche Körnung

Vor dem Start der Bearbeitung besichtigten wir das Areal vor Ort und erstellten unsere eigene Analyse. Auf ihrer Grundlage begannen wir mit der Planung des Areals und legten in einem ersten Schritt die *Blickachsen* fest. Die bestehenden Hauptachsen übernahmen wir und teilten das Gelände durch interne Achsen in Parzellen bzw. Baufelder.

3.2 Gebäudehöhen

Dann ging es um die Frage, an welchen Stellen höhere Gebäude und an welchen Stellen niedrigere Gebäude gebaut werden müssten. Dabei waren die Anforderungen des Schallschutzes sowie die umliegende Bebauung zu berücksichtigen.

3.3 Öffentliche Grünflächen

Im nächsten Schritt ging es darum, wie noch mehr Ruhe in diesem neuen Stadtteil geschaffen werden könnte.

» Wo könnten die in der Ausschreibung gewünschten Grünverbindungen sinnvoll sein?

» An welcher Stelle müssen wir einen öffentlichen Platz oder eine Grünfläche planen, damit dieses Quartier lebt?

Unser Ziel war, inmitten einer lauten Umgebung ein ruhiges grünes Quartier zu schaffen. Aufgrund der das Areal umschließenden Industriebrache entschieden wir uns für eine introvertierte Lösung mit einem Park als Grünoase in der Mitte des Quartiers.

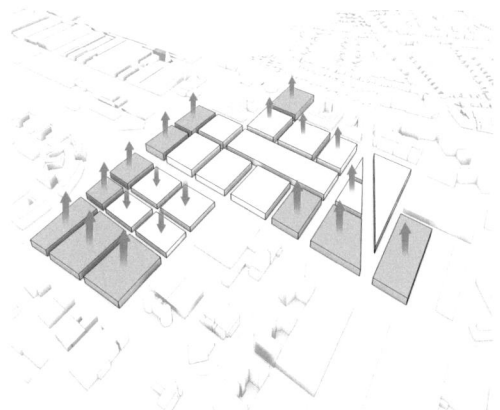

Festlegung der Höhenentwicklung/Hochpunkte

3.4 Sichtbeziehungen

Weiter ging es mit den Sichtbeziehungen zur grünen Mitte. Die großen Cluster wurden in diesem Schritt der Planung weiter differenziert, und Gebäude wurden ausgebildet, mit dem Ergebnis einer hofartigen Bebauungsstruktur mit Punkthäusern zum Park hin.

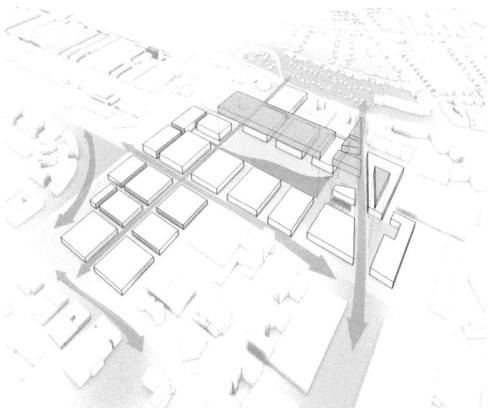

Sichtachsen und Grünverbindungen

3.5 Erschließung

Um Lärmbelästigung zu vermeiden, planten wir bestimmte Straßen in den Wohnvierteln nicht als Durchfahrtsstraßen. Damit Nicht-Anrainer weiterhin die Straße durch das Gewerbegebiet und nicht durch das Wohngebiet nutzen, schufen wir einen kleinen verkehrsberuhigten Platz.

3.6 Nutzungsdurchmischung: Wohnungen, Büros, Einzelhandel, Kita

» An welchen Stellen sind welche Nutzungen sinnvoll?

» Wo soll der soziale Wohnungsbau

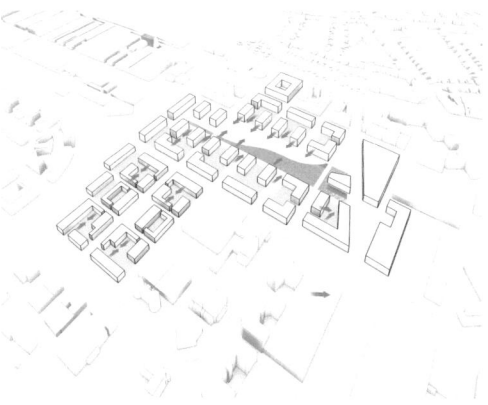

Quartiersinterne Sichtbezüge

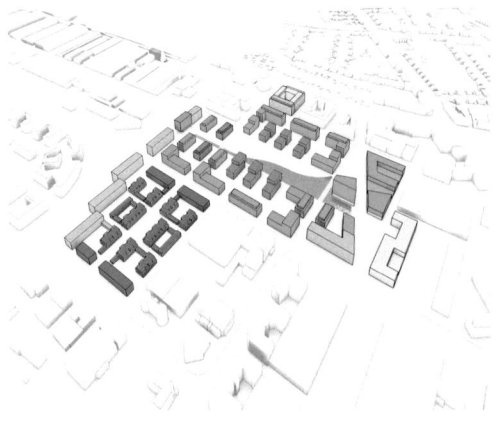

Nutzungsübersicht

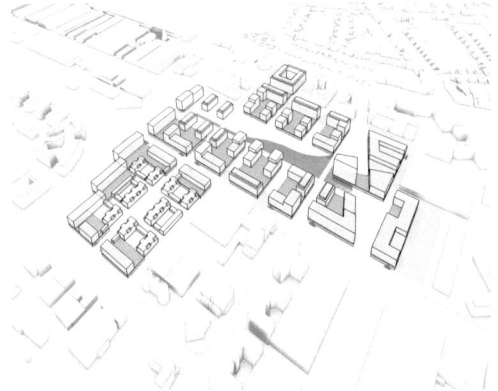

Energie- und Nachhaltigkeitskonzept

platziert werden, wo Familienwohnungen, wo 1- und
2- Zimmer-Wohnungen?

» Wo Büros?

» Wo Einzelhandel?

» In welchen Baufeldern ist Wohnungsbau sinnvoll, in welchen eher eine
   gewerbliche Infrastruktur, an welcher
   Stelle die geforderte Kita?

Wir entschieden uns dafür, der diagona-
len Achse, die mit dem Forum Oberkassel
an der Hansaallee schon angelegt war,
einen öffentlichen Charakter zu geben
und dort die gewerblichen Nutzungen
zu konzentrieren.

3.7 Nachhaltigkeit

Auch ökologische Kriterien waren zu
berücksichtigen. Hier war der Nachweis
von regenerativen Energieformen in
Form eines Konzeptes gefragt. Wir inte-
grierten Gründächer und Flächen für
Fotovoltaikanlagen in das Konzept. Im
Wettbewerb waren wir noch davon ausgegangen, die Dachflächen mit einer
Rigole in ein Wasserbecken zu entwäs-
sern, was jedoch im späteren Planungs-
verlauf nicht umsetzbar war.

Tiefgaragenkonzept

Folgende planerische Grundsätze zur
Minimierung des Energiebedarfs und
zur Gewährleistung eines guten Stadt-
teilklimas wurden berücksichtigt:

1. Kompakte Baukörper
    (geringe Wärmeverluste)

2. Ausrichtung einer Gebäudehauptsei-
    te nach Süden (solare Energiegewin-
    ne) und Wärmeschutzverglasung

3. Verschattungen innerhalb des
    Baugebietes und der angrenzenden
    Bestandsbebauung wurden
    vermieden.

4. Ansteigende Geschossigkeiten von
    Süden nach Norden mit ausreichen-
    den Abständen zwischen den
    Baukörpern wurden zur Wahrung
    der gesunden Lebensverhältnisse
    eingehalten.

5. Bei einigen Gebäuden wurden
    die Wohn- und Arbeitsräume mit
    mechanischer Belüftung aus Lärm-
    schutzgründen mit Lüftungsanlage
    und Schallschutzmaßnahmen
    versehen.

6. Den globalen Klimaveränderungen
    wurde im Sinne einer nachhaltigen
    Stadtplanung durch Haupterschlie-
    ßungsachsen und Promenaden
    entgegengewirkt.

7. Eine durchgehende und entspre-
    chend breite Grünachse von den
    südlich des Plangebietes gelegenen
    Grünflächen zu den nördlichen
    Kleingärten, zum Beispiel in Form
    eines begrünten Rad- und Fußwege-
    systems, wurde berücksichtigt.

8. Um das Potenzial an klimawirksamen
    Flächen möglichst auszuschöpfen
    und zur Verminderung der thermi-
    schen Aufheizung im Sommer, wur-
    den die nicht überbauten Flächen
    sowie nicht überbaute Tiefgaragen-
    decken als intensiv bewirtschaftete
    Vegetationsflächen mit mindestens
    80 cm Erdreich überdeckt und mit-
    einander vernetzt.

9. Zur Verringerung der Wärmeabstrah-
    lung von Oberflächen, sowie zur
    Verzögerung des Spitzenabflusses
    bei Starkregenereignissen, wurden
    Flachdächer und flachgeneigte
    Dächer (bis 15°) begrünt.

10. Bei der Anlage von Park- und Stell-
    platzflächen wurde je 5 Stellplätze
    mindestens ein mittelkroniger
    heimischer Laubbaum gepflanzt.

Piktogramm Baufelder

3.8 Unterteilung des Areals in Baufelder

Da 1.100 Wohneinheiten nicht auf einmal gebaut und einzelne Gebäude abverkauft werden, war es sinnvoll, das zu beplanende große Areal in möglichst kompakte Grundstückssegmente (Baufelder) zu unterteilen. Das nächstgrößere Segment in der Planung waren dann die Bauabschnitte, in denen einige Baufelder zusammengefasst wurden.

Vogelperspektive Quartiersplanung Wettbewerbsphase II

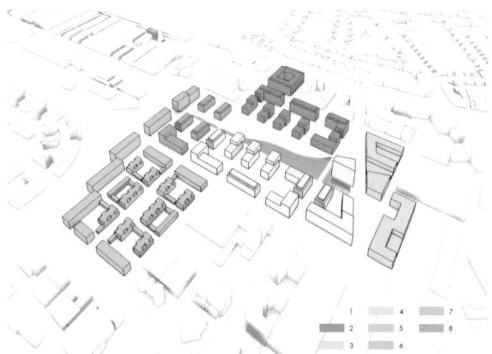

Piktogramm Bauabschnitte

3.9 Planung der Bauphasen

» Welcher Teil wird zuerst gebaut?

» Wie viele Bauabschnitte sind insgesamt zu planen?

Das alles musste schon im Wettbewerbsverfahren überlegt werden. Am Ende
reichten wir einen ersten Lageplan zusammen mit einer Visualisierung für den
Wettbewerb ein.

Vogelperspektive Masterplanung Wettbewerbsphase II

Perspektive VIERZIG 549 aus Wettbewerbsphase II

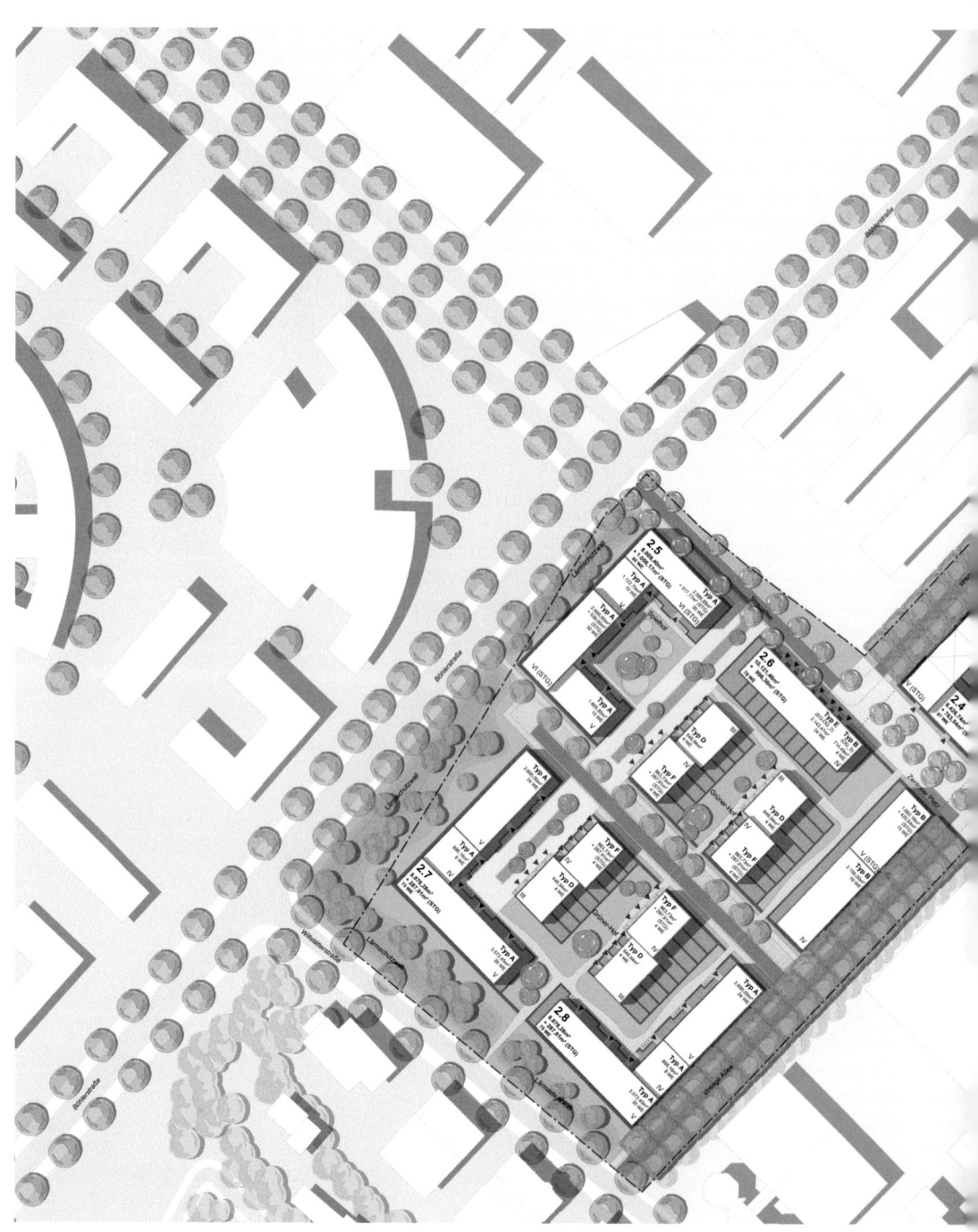

Masterplan aus Wettbewerbsphase II

Piktogramm Nutzungskonzept

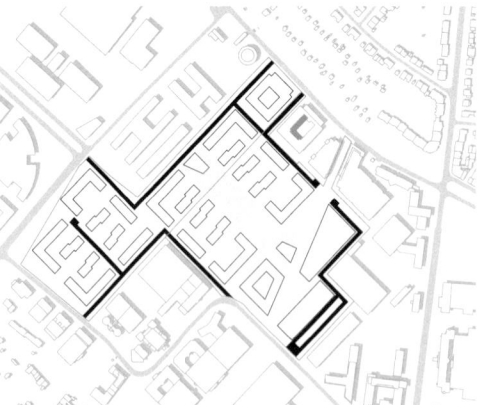

Piktogramm primäre Erschließung

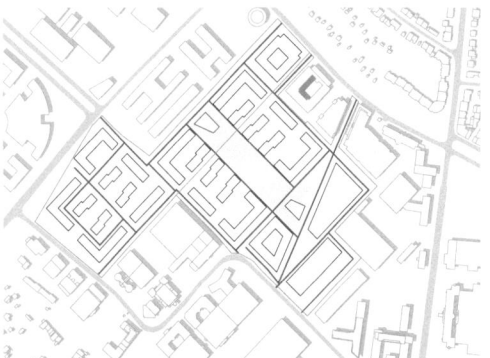

Piktogramm sekundäre Erschließung
(Fuß- und Radwege / Feuerwehr / Entsorgung)

4. Masterplan (Begleitung des Bebauungsplanverfahrens)

Im Bebauungsplan werden u.a. Gebäudewandhöhen, Abstandsflächen, Geschoss- und Grundflächenzahlen (Bebauungsdichte), Baulinien und Baugrenzen, die Art der Nutzung und die Bauweise festgelegt. Diese mussten bereits im Wettbewerb angedacht und in der bebauungsplanbegleitenden Masterplanung plausibilisiert werden.

4.1 Entwicklung des Masterplans für die Erstellung eines Bebauungsplans

Hierbei geht es ins Detail: Jedes Gebäude wird geschnitten und auf seine Funktionalität hin geprüft.

» Welche Höhen sind vorhanden?

» Wo sind Tiefgaragen sinnvoll?

» Funktionieren die Abstandsflächen wie im Entwurf des Wettbewerbes geplant?

Sämtliche Annahmen aus dem Wettbewerbsentwurf wurden auf ihre Vereinbarkeit mit dem gültigen Baurecht abgeglichen und geprüft, behördliche Vorgaben eingearbeitet und Lösungen gemeinsam mit den Fachplaner:innen entwickelt.

4.2 Nutzungskonzept: Geförderter Wohnungsbau

Dann mussten wir geförderte Wohnungen unterbringen. Der soziale Wohnungsbau war 2014 in Düsseldorf noch nicht so stark reglementiert wie beispielsweise in Hamburg. Die Vorgaben befanden sich zu diesem Zeitpunkt noch im Abstimmungsprozess. Mittlerweile müssen in Düsseldorf 20 % geförderte und 20 % preisgedämpfte Wohnungen gebaut werden. Wir hatten 1.100 Wohnungen geplant, und auch wenn der Förderschlüssel noch nicht galt, sondern erst in Aufstellung war, musste eine Zwischenlösung gefunden werden. Wir landeten bei 5 % bis 6 % Förderwohnanteil, dessen Lage im Masterplan festgelegt werden musste. Grundrisse dafür wurden zur Plausibilisierung gezeichnet. Die Gebäudeform musste die vorgegebenen Wohnungsgrößen inkl. Wohnungsschlüssel erfüllen.
Am Ende waren nur Baugrenzen oder Baulinien in der fertigen B-Planzeichnung, aber wir mussten zum Beispiel auch Wohnungsgrundrisse zeichnen, um einerseits auch hier die geplanten Gebäudekubaturen aus dem Wettbewerb bestätigen zu können und andererseits mit der Anzahl der Wohneinheiten auch die Anzahl der Stellplätze in der ebenfalls gezeichneten Tiefgarage nachweisen zu können.

4.3 Erschließungskonzept

» Wo sind die Zufahrten für Feuerwehr-, Rettungs-, Müll- und Lieferfahrzeuge zu planen?

» Wo die Fußgänger- und Fahrradwege?

Auch hier ist der Wettbewerbsentwurf zu überprüfen und zu konkretisieren.

4.4 Entsorgungskonzept

Es ist leicht vorstellbar, dass bei 1.400 bewohnten Wohnungen eine erhebliche Menge an Hausmüll anfällt. Um die anfallenden Mengen nachweisen und somit die Größe und Anzahl der Müllstandorte festlegen zu können, wurde im gesamten zu beplanenden Gebiet in allen Gebäuden eine mögliche Wohnungsanzahl ermittelt.

» Wo sind die Müllaufstellflächen zu planen?

» Welche Gebäude gehören zu welchen Abschnittsflächen?

» Wie werden diese von der Müllabfuhr erreicht?

Diese Fragen müssen dann mit den Behörden abgestimmt werden und in die Masterplanung einfließen.

Müllstandort	Baublock	Anzahl an Zimmer	WE	Personen	Restabfall 25l / Woche	Container 1.100l	Gelbe Tonne 20l / Woche	Container 1.100l	Papier 20l / Woche	Container 1.100l	Biotonne 5l / Woche	Tonne 240l
UG 2.6	2.6.1	2	4	8	200	0,18	160	0,15	160	0,15	40	0,17
		3	24	72	1.800	1,64	1.440	1,31	1.440	1,31	360	1,50
		4	0	0	0	0,00	0	0,00	0	0,00	0	0,00
		5	0	0	0	0,00	0	0,00	0	0,00	0	0,00
SUMME			28	80	2.000	1,8	1.600	1,5	1.600	1,5	400	1,7
UG 2.6	2.6.2	2	11	22	550	0,50	440	0,40	440	0,40	110	0,46
		3	13	39	975	0,89	780	0,71	780	0,71	195	0,81
		4	11	44	1.100	1,00	880	0,80	880	0,80	220	0,92
		5	0	0	0	0,00	0	0,00	0	0,00	0	0,00
SUMME			35	105	2.625	2,4	2.100	1,9	2.100	1,9	525	2,2
UG 2.6	2.6.3	2	0	0	0	0,00	0	0,00	0	0,00	0	0,00
		3	0	0	0	0,00	0	0,00	0	0,00	0	0,00
		4	4	16	400	0,36	320	0,29	320	0,29	80	0,33
		5/6	8	40	1.000	0,91	800	0,73	800	0,73	200	0,83
SUMME			12	56	1.400	1,3	1.120	1,0	1.120	1,0	280	1,2
UG 2.6	2.6.4	2	4	8	200	0,18	160	0,15	160	0,15	40	0,17
		3	4	12	300	0,27	240	0,22	240	0,22	60	0,25
		4	4	16	400	0,36	320	0,29	320	0,29	80	0,33
		5/6	4	20	500	0,45	400	0,36	400	0,36	100	0,42
SUMME			16	56	1.400	1,3	1.120	1,0	1.120	1,0	280	1,2

WE	Personen*	Restabfall 25l / Woche	Container 1.100l	Gelbe Tonne 20l / Woche	Container 1.100l	Papier 20l / Woche	Container 1.100l	Biotonne 5l / Woche	Tonne 240l
28	80	2.000	1,82	1.600	1,45	1.600	1,5	400	1,7
35	105	2.625	2,39	2.100	1,91	2.100	1,9	525	2,2
16	56	1.400	1,27	1.120	1,02	1.120	1,0	280	1,2
12	56	1.400	1,27	1.120	1,02	1.120	1,0	280	1,2
91	297	7.425	6,8	5.940	5,4	5.940	5,4	1.485	6,2

ANZAHL CONTAINER / TONNEN = 19 / 6 | Restabfall 7 | Gelbe Tonne 6 | Papier 6 | Biotonne 6

Müllentsorgungsberechnung Baufeld 2.6

4.5 Stellplatzkonzept (Tiefgaragenkonzept)

Das Plangebiet hatte schon vor der Auslobung des Wettbewerbs eine Besonderheit inne. Da der Kinokomplex an der Hansaallee auf dem eigenen Grundstück zu wenige erforderliche Stellplätze unterbringen konnte, wurden auf dem bis dahin brachliegenden Plangebiet die fehlenden Stellplätze nachgewiesen und als Baulast im Grundbuch eingetragen. Mit dieser Baulast musste umgegangen werden. Wir hatten es mit einer Baulast von circa 496 noch zusätzlich zu planenden Stellplätzen zu tun. Für das gesamte Areal errechneten wir ca. 947 erforderliche Stellplätze, die gemäß unseres Konzeptes zum Großteil unterirdisch in Tiefgaragen unter-

gebracht werden sollten. Gemeinsam mit dem Verkehrsplaner gingen wir von Synergieeffekten zwischen dem Kino und den restlichen gewerblichen Flächen aus – Synergieeffekte deshalb, weil die hohen Frequentierungen der Stellplätze für die verschiedenen Nutzungen zu

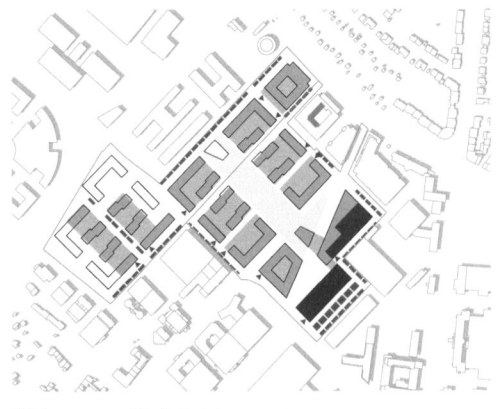

Piktogramm Stellplatzkonzept

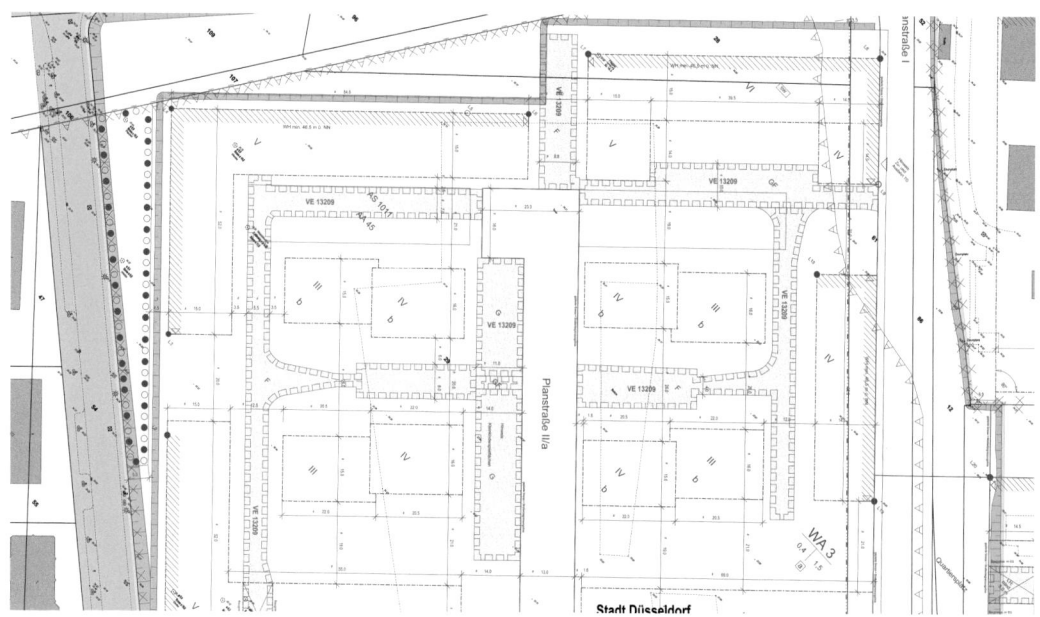

Feuerwehraufstellflächen 1. Bauabschnitt

unterschiedlichen Tageszeiten stattfinden. Durch den Nachweis in einem qualifizierten Stellplatzgutachten konnten wir den Stellplatzbedarf um mehr als 270 Stellplätze reduzieren. Zuvor mussten wir die Tiefgaragenstellplätze anzahlmäßig belegen.

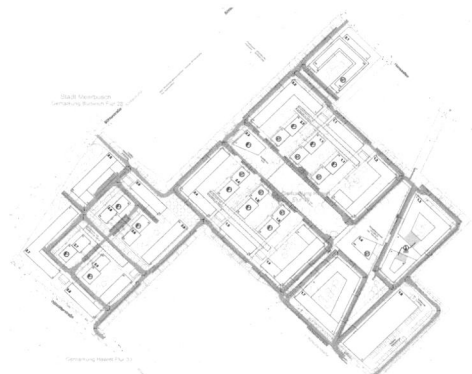

Feuerwehrumfahrten Quartier

4.6 Brandschutzkonzept

Beim Thema Brandschutz hat die Feuerwehr ein gewichtiges Wort mitzusprechen. Die gesamten Gebäude müssen für die Feuerwehrfahrzeuge erreichbar sein und Aufstellflächen in der Planung so generiert werden, dass sämtliche Gebäude angeleitert werden können. Die Befahrbarkeit der Flächen von Feuerwehrfahrzeugen hat stets Auswirkungen auf die Grünflächen, da diese auf Schotterbasis und baumfrei vorgehalten werden müssen.

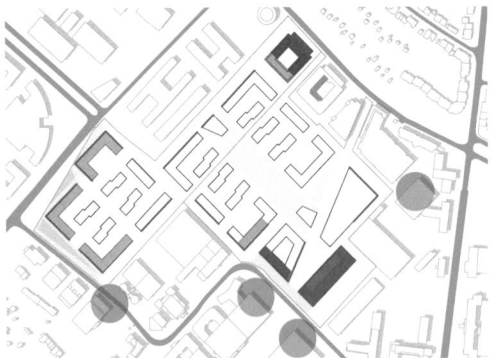

Lärmschutzkonzept inkl. Lärmquellen

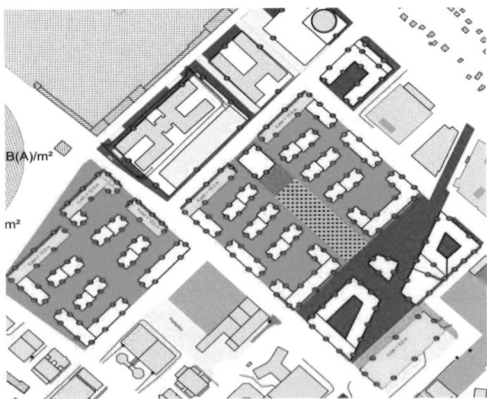

Auszug aus Schallschutzgutachten

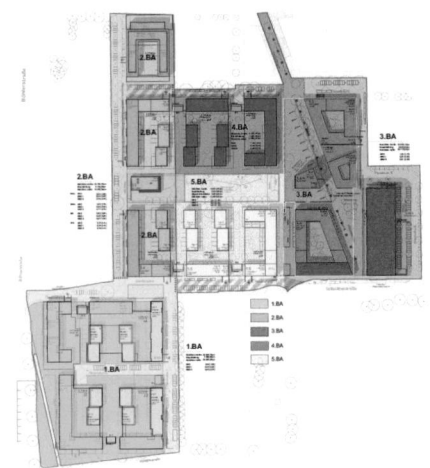

Endgültige Bauabschnitte Planungsphase

4.7 Lärmschutzkonzept

Zur Erstellung des Masterplans bedurfte es einer nochmaligen Untersuchung des geplanten Lärmschutzes:

» Wo genau befinden sich Lärmquellen?

» An welchen Fassaden müssen Schallschutzmaßnahmen eingeleitet werden?

An den im Lärmgutachten festgelegten Fassaden mussten wir mit behördlichen Auflagen zu Schallschutzmaßnahmen rechnen und zunächst deren Funktionalität in Bezug auf Lärmausrichtung und Maßnahmen zum Schallschutz mit dem Städtebau und dann bei der Erstellung des Masterplans durch Planung von Grundrissen verifizieren. Es sollten möglichst wenige Gebäude lärmbelastet sein. Die Gebäude an den Lärmquellen waren im gesamten Quartier so ausgerichtet, dass wir im Inneren der restlichen Wohnkomplexe weniger Gebäude vor Lärm schützen mussten.

4.8 Festlegung der Bauabschnitte

Am Ende des gesamten Planungsprozesses liegt ein Bebauungsplan vor, der auf Linien, Nutzungsbereiche und textliche Vorgaben reduziert ist. Man sieht nicht mehr, wie viel Arbeit in ihn geflossen ist. Die Vorbereitung eines Bebauungsplans geht mit einer langwierigen Planungsphase einher, die man am Ende des

Prozesses im Plan, dessen textlichen Festsetzungen und einem städtebaulichen Vertrag wiederfindet. Die textlichen Festsetzungen dienen dazu, Sachverhalte oder Ausschlüsse, die nicht zeichnerisch festgehalten werden können, zu definieren. Der städtebauliche Vertrag wird zwischen Grundstückseigentümer:in und Kommune geschlossen.

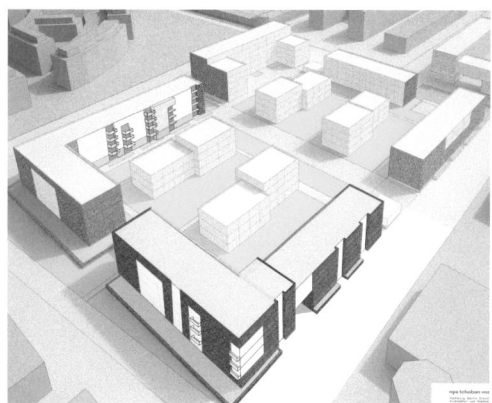

Gestaltungskonzept „Coconut":
Beispiel Gebäudeisometrie

5. Gestaltungskonzept

Nachdem der B-Plan erstellt war, erarbeiteten wir das Gestaltungskonzept. Ein Novum, mit dem wir nach dem Wettbewerbsgewinn und dem Erstellen des ersten Masterplans nicht gerechnet hatten, war die Beauftragung mit einer Gestaltungssatzung für den Bebaungsplan. Als Architekt hat man sich im Normalfall an die Gestaltungsvorgaben einer bestehenden Gestaltungssatzung eines Bebauungsplans zu halten. Eine solche Satzung selbst zu gestalten kommt im Berufsalltag des Architekten selten vor. Da ca. 1.400 Wohnungen üblicherweise nicht von einem einzigen Architekturbüro gestaltet werden, werden dafür über ein Wettbewerbsverfahren mehrere Architekturbüros engagiert. Diese bekommen mit Gestaltungssatzungen eine Handhabung, die zwar unterschiedliche, aber in sich homogene Entwürfe, also Vielfalt in der Einheit, zulässt. Der Grundtenor unseres gestalterischen Konzepts war: außen hart, innen weich („Coconut").

Gestaltungskonzept „Coconut":
Beispiel Fassade / Straße

Gestaltungskonzept „Coconut":
Beispiel Fassade / Hofseite

Planungsvorlage B-Plan

Entwurf B-Plan

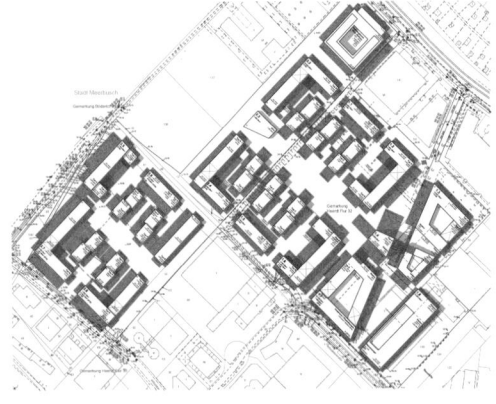

Abstandsflächenplan Quartier

6. Planung des ersten Bauabschnitts

Dann ging es an die Vorbereitung der Planung mit Analyse des Bebauungsplans sowie der bisherigen Planung und Zusammenstellung des Planungsteams.

Im Bebauungsplan sind nicht nur die städtebaulichen Kennzahlen dargestellt, sondern ist auch die Aufteilung der öffentlichen und privaten Erschließungen zu erkennen. Die gelb markierten Flächen sind in diesem Fall die öffentlich gewidmeten Flächen, also die Flächen, die die Stadt der/dem Bauherr:in zu einem späteren Zeitpunkt abkauft. Die/der Bauherr:in lässt diese Flächen inklusive Straßen bebauen, die Stadt übernimmt diese Straßen später und hält sie instand. Da der genaue Zeitpunkt der Übergabe und die Beschaffenheit der Straßen in einem städtebaulichen Vertrag mit der Stadt festgelegt werden, musste dort eine Grundstücksaufteilung vorgenommen werden. In dieser Abbildung ist die Gebäudeform mit relativ wenig Grünanteil zu sehen. Die violett dargestellten Flächen sind die Abstandsflächen. Es gelten die Abstandsflächenregelungen von NRW, die wir zum Planungszeitpunkt effizient zur Anwendung brachten.

Im Folgenden eine Zusammenfassung der Planungen aller am Bau beteiligten Fachplaner:innen am Beispiel des von pbp realisierten ersten Bauabschnitts und die ersten groben Schritte zu Planungsbeginn:

6.1 Vermessungsplan

Dieser wurde auf Basis unserer Planung erstellt. Das Grundstück wurde nach unserer Planung inklusive der von uns festgelegten öffentlichen Flächen und Feuerwehraufstellflächen, die sich fast alle außerhalb der Straßen befinden, ein weiteres Mal eingemessen. Die im Plan dargestellten grauen Flächen wurden später vom Außenanlagenplaner mit Spielplätzen versehen und landschafts-gärtnerisch gestaltet.

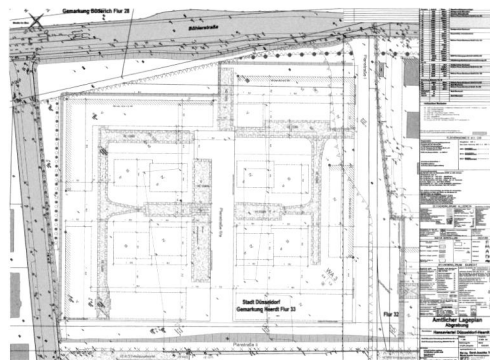

Vermessungsplan

6.2 Verkehrsplan

Auch die Ergebnisse der Verkehrspla-nung des öffentlichen Raums mussten in unseren Plan integriert werden. Eine frühzeitige Ermittlung des Niveaus der öffentlichen Straßen war wichtig, um zu entscheiden, auf welchem Höhen-niveau sich die Gebäudeeingänge und Tiefgarageneinfahrten (Anschlusshöhen) befinden. Zudem wurden die Befahrbar-keit der Tiefgaragenstellplätze sowie die Funktionalität und Gesetzeskonformität der Garage geprüft.

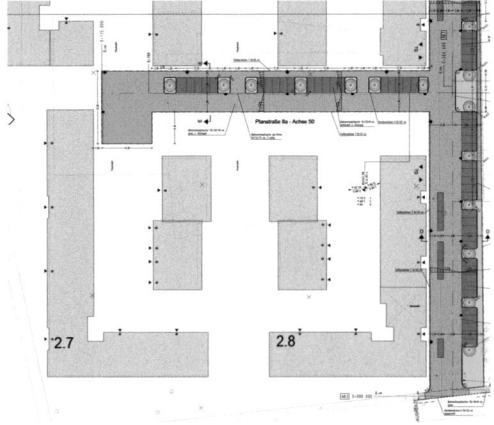

Verkehrsplanung Erschließung 1. Bauabschnitt (Ausschnitt)

6.3 Tiefgaragenbelüftung

Die Vorgabe für die geplanten Tief-garagen war eine natürliche Belüf-tung. Durch Verzicht auf mechanische Lüftungsgeräte und somit weniger Haustechnik wird das Projekt nicht nur hinsichtlich des Baus und der späteren

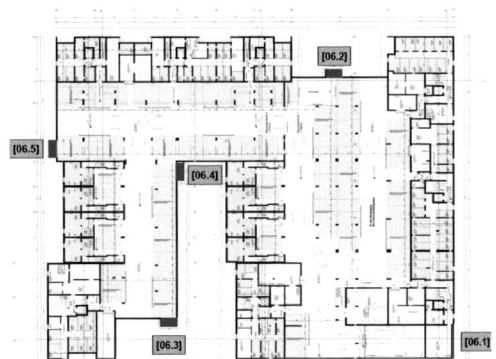

Tiefgaragenplan inkl. Lüftungskonzept (natürliche Belüftung)

Betriebs- und Wartungskosten günstiger, sondern auch ressourcensparender, weil der eingesparten Haustechnik zufolge keine Energiezufuhr nötig ist. Natürliche Belüftung erfolgt in Form von Lüftungsöffnungen und außenliegenden Lüftungsgittern. Verbunden ist dies jedoch mit diversen Einschränkungen, zum Beispiel hinsichtlich des Abstands von Öffnungen in der Garagendecke zur Fassade und der Mindestgrößen bzw. Lüftungsquerschnitte. Damit Garagentore und weitere Öffnungen als Lüftungsquerschnitte angesetzt werden können,

ist es erforderlich, das Strömungsverhalten der Tiefgaragengeometrie und die Lage der geplanten Öffnungen anhand eines Gutachtens zu untersuchen. Von der Geometrie der Garage und der Lage der Lüftungsöffnungen hängt ab, ob die Strömung in der Tiefgarage funktioniert und die Luft ohne Ventilatoren und ohne mechanische Hilfestellung in dem Maße ausströmt, wie es das Gutachten vorgibt. Diese Planung liegt in der Verantwortung von Haustechniker:innen oder speziellen Lüftungstechniker:innen bzw. -gutachter:innen.

Brandschutzkonzept Baufeld 2.7 (1. Bauabschnitt), Erdgeschoss

6.4 Brandschutzkonzept

Im ersten Brandschutzkonzept für den inneren Brandschutz des Fachbeauftragten wird festgelegt, wo sich Brandabschnitte und Fluchtwege befinden, welche Wände und Türen Brandschutzanforderungen gerecht werden müssen. Das Treppenhaus ist immer der erste Rettungsweg und stellt damit brandschutztechnisch die höchsten Anforderungen. Von einer Wohnung oder einem Haus darf das Feuer nicht auf die Nachbarwohnung oder das Nachbargebäude überschlagen. Aus diesem Grund sind Wohnungs- und Gebäudetrennwände als Brandwände ausgebildet.

6.5 Baupysik / Wärmeschutznachweis

Die erste Aufgabe der/des Bauphysiksachverständigen, die Einfluss auf die Planung hat, ist die Festlegung der Dämmstärken der Gebäude. Sie/Er überprüft die vorgesehenen Wandaufbauten und Bauteile, die an die Außenluft angrenzen, und errechnet die Dämmstärken anhand der in der aktuellen Energieeinsparverordnung festgelegten U-Werte. Dies muss bereits in der ersten Planungsphase geschehen, weil diese Aussagen Einfluss auf die Wandstärken und somit auch auf die Wohnfläche haben können. Dies wird im ersten Schritt relativ grob abgeschätzt und später bei der Entwicklung der Fassade verfeinert.

6.6 Tragwerk

Natürlich sind gleich zu Beginn der Planung genauso wie die Dämmstärken aus der Bauphysik auch die Wand- und Deckenstärken aus der Tragwerksplanung wichtig, da sie ebenfalls Einfluss auf die Wohnflächen haben. Hier werden durch eine überschlägige Berechnung oder aus Erfahrungswerten von Spannweiten und Lastannahmen tragende und nicht tragende Elemente vordimensioniert.

6.7 Außenanlagenplanung

Die Außenanlagen bestehen nicht nur aus der Gestaltung der Flächen zwischen den Gebäuden und öffentlichem Straßenraum, sondern haben viele Schnittstellen zur Planung. So sind immer mehr Gründächer gefragt, um einerseits die Nachhaltigkeit des Gebäudes zu verbessern, andererseits aber auch die Wassereinleitung in das öffentliche Abwassernetz zu schonen. So wird im Starkregenfall das Wasser von einem Gründach erst verzögert an das öffentliche Netz abgegeben. Die Freiflächen auch über Tiefgaragen müssen in der Planung Kinderspielflächen, Feuerwehrzufahrten und Stellflächen sowie Lüftungsaufbauten und Privatgärten berücksichtigen. Diese müssen in die Gestaltung so integriert werden, dass trotz einer hohen Anzahl an planerischen Vorgaben eine Aufenthaltsqualität entsteht. In der VIERZIG 549-Planung war es aufgrund

der öffentlichen Parkfläche, den städtebauliche Achsen und der Kita zudem
wichtig, die Aufenthaltsqualität für das
gesamte Quartier als Erholungsfläche in
Form grüner Oasen zu gestalten. Zunächst
war hierfür im zentralen Park eine große
Wasserfläche mit Promenade im Quartier geplant. Diese Idee scheiterte jedoch
daran, dass die Wasserfläche zum Schutz
vor Ertrinken hätte eingezäunt werden
müssen und dass man sich nicht in der
Verantwortung für die entstehenden
Kosten einig geworden ist. Die Stadt

Düsseldorf sollte den Park als öffentliche
Fläche übernehmen und wollte dies nur
ohne Wasserfläche. Aus der ursprünglich
geplanten großen Wasserfläche ist ein
Spiegelteich (Wassertiefe <30 cm) im
Bereich der Promenadenachse um das
Hochhaus entstanden. Dies war dadurch
möglich, weil wir diesen Teilbereich mit
einer Tiefgarage unterkellerten und er
dadurch in private Zuständigkeit gefallen ist. Die Verantwortung lag somit in
Bauherrnhand. Ob eine Wasserfläche am
Ende wirklich umgesetzt wird, ist offen.

Außenanlagenplanung Baufeld 2.7 (1. Bauabschnitt)

Visualisierung Entwurfsidee Kita, Hofseite

Visualisierung Entwurfsidee Kita, Straßenseite

Es ist wichtig, vor Beginn der Planung von der/dem Bauherr:in Informationen zu den Bedarfen zu erhalten. Die textlichen Festsetzungen im B-Plan müssen immer ganz genau studiert werden, da sie unweigerlich zum Bebauungsplan gehören und viele Informationen zur Erstellung einer Planung enthalten. Berücksichtigt man diese nicht, kennt man nur die „halbe Wahrheit".

FAZIT

Ein Großprojekt wie VIERZIG 549 mit ca. 140.000 m² BGF auf einer Fläche von 11,5 ha begleitet zu haben war ein lehrreiches Projekt für unser Büro und für mich als Architekt. Solch ein Bauvorhaben vom Wettbewerb über die Erstellung eines Masterplanes inkl. eines Gestaltungsleitfadens zur Begleitung eines Bebauungsplanprozesses bis hin zur Fertigstellung einzelner Bauabschnitte ist nicht jedem Architekten vorbehalten – ein Planungsprozess mit unterschiedlichsten Beteiligten in den verschiede-

nen Phasen, beginnend mit der Auslobung und der Bauherrin, den Beteiligten der Stadt Düsseldorf inklusive der politischen Gremien, den Bürger:innenbeteiligungen, Stadtplanungsbüros und schließlich auch den Fachplaner:innen, deren Grundlage immer unsere Planung war.

Der vorangegangene Text kann natürlich nur ansatzweise die Prozesse wiedergeben und kurze Einblicke in die Vielzahl der Planungsschritte geben, die nun schon ein Jahrzehnt andauern. Die Erläuterungen sollen lediglich die Komplexität eines Projektes darstellen und der Leserin und dem Leser die Augen dafür öffnen. Es sind Auszüge aus Erfahrungen, die man in einem solchen Projekt sammeln konnte, Erkenntnisse, die man auch als Architekt mit langjähriger Berufserfahrung teilweise nicht erwartet hatte. Erst wenn eine Planung aus der eigenen Feder einen so großen Beteiligtenkreis durchläuft, wird man sich der Verantwortung seiner Planung richtig bewusst. Es blickt nicht nur die/der

Fassadenstudie VIERZIG 549 – Imagebild Park

Architekt:in auf ihre/seine Architektur bzw. Gestaltung, die sie/er aus Überzeugung in ihrer/seiner Verantwortung plant, sondern das Gebäude wird immer auch im soziokulturellen Kontext begutachtet und bewertet. Schließlich plant man als Architekt kein vergängliches Produkt, das nur dem Zeitgeist entspricht, sondern ein Umfeld für viele Menschen, die von der Architektur in ihrem Umfeld beeinflusst werden.

Die Menschen, die diese Architektur betrachten, sie nutzen und in ihr wohnen, sollen sich bei ihrem Anblick und ihrer Nutzung wohlfühlen, nicht gestört. Dies sollte möglichst lange andauern und keine Gewöhnungsphasen beinhalten. Dazu zählen auch Neuerungen bzw. technische Entwicklungen, die möglichst dezent und geräuschlos in die Planung integriert werden sollten, damit der Wohlfühlfaktor für jede und jeden bestehen bleibt.

Die Verantwortung von uns Architekt:innen fängt beim ersten Zeichenstrich an. Dieser sollte gut überlegt sein, denn mitunter entsteht daraus ein neuer Stadtteil, der mindestens Jahrzehnte überdauern wird.

Projektbeteilligte (Bauantrag)

Bauherr:in / Vertreter:in

- [ ] Name des Unternehmens
- [ ] Adresse
- [ ] Ansprechpartner:in
- [ ] Telefefonnummer
- [ ] E-Mail und Webseite

Architekturbüro/s

- [ ] Name des Unternehmens
- [ ] Adresse
- [ ] Ansprechpartner:in
- [ ] Telefefonnummer
- [ ] E-Mail und Webseite

Landschaftsarchitektur

- [ ] Name des Unternehmens
- [ ] Adresse
- [ ] Ansprechpartner:in
- [ ] Telefefonnummer
- [ ] E-Mail und Webseite

Statik

- [ ] Name des Unternehmens
- [ ] Adresse
- [ ] Ansprechpartner:in
- [ ] Telefefonnummer
- [ ] E-Mail und Webseite

Haustechnik

- [ ] Name des Unternehmens
- [ ] Adresse
- [ ] Ansprechpartner:in
- [ ] Telefefonnummer
- [ ] E-Mail und Webseite

Brandschutz

- [ ] Name des Unternehmens
- [ ] Adresse
- [ ] Ansprechpartner:in
- [ ] Telefefonnummer
- [ ] E-Mail und Webseite

Schallschutz + Wärmeschutz

- [ ] Name des Unternehmens
- [ ] Adresse
- [ ] Ansprechpartner:in
- [ ] Telefefonnummer
- [ ] E-Mail und Webseite

Vermessung

- [ ] Name des Unternehmens
- [ ] Adresse
- [ ] Ansprechpartner:in
- [ ] Telefefonnummer
- [ ] E-Mail und Webseite

VIERZIG 549 – realisierte und geplante Baufelder

Projekt
VIERZIG 549
Bauabschnitt 1 – Baufeld 2.6

Bauherrin
DIE WOHNKOMPANIE NRW GmbH

Standort
Oberkassel, Düsseldorf

Realisierung
2019

Wohneinheiten
91

BGF-R (oi) Baufeld 2.6
12.050 m²

BGF-R (oi) Baufelder 2.6-2.8
39.000 m²

Baukosten Bauabschnitt 1- Baufelder 2.6-2.8
42,7 Mio. €

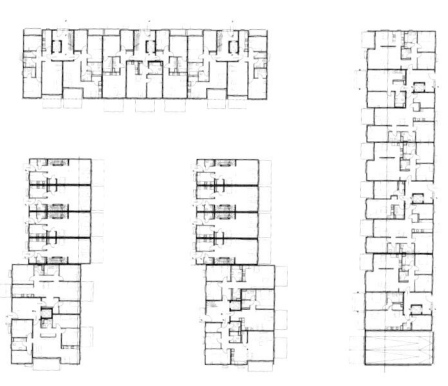

Grundriss EG

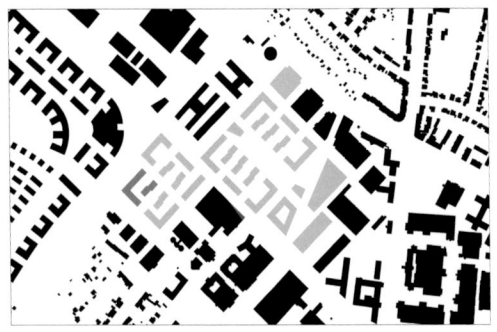

Projekt
VIERZIG 549
Bauabschnitt 1 – Baufeld 2.7

Bauherrin
DIE WOHNKOMPANIE NRW GmbH

Standort
Oberkassel, Düsseldorf

Realisierung
2019

Wohneinheiten
103

BGF-R (oi) Baufeld 2.7
11.500 m²

BGF-R (oi) Baufelder 2.6-2.8
39.000 m²

Baukosten Bauabschnitt 1- Baufelder 2.6-2.8
42,7 Mio. €

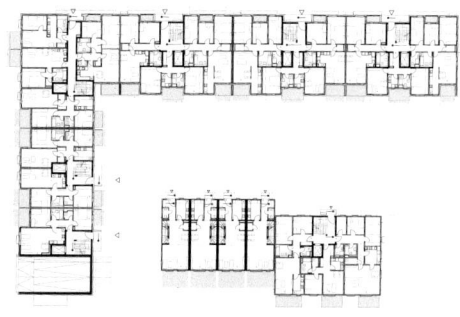

Grundriss EG

Projekt
VIERZIG 549
Bauabschnitt 1 – Baufeld 2.8

Bauherrin
DIE WOHNKOMPANIE NRW GmbH

Standort
Oberkassel, Düsseldorf

Realisierung
2019

Wohneinheiten
88

BGF-R (oi) Baufeld 2.8
15.350 m²

BGF-R (oi) Baufelder 2.6-2.8
39.000 m²

Baukosten Bauabschnitt 1- Baufelder 2.6-2.8
42,7 Mio. €

Grundriss EG

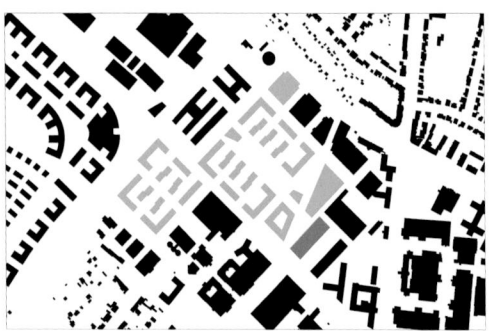

Projekt
VIERZIG 549
Bauabschnitt 3 – Baufeld 1.8

Bauherrin
DIE WOHNKOMPANIE NRW GmbH

Standort
Oberkassel, Düsseldorf

Realisierung
2022

BGF
3.370 m²

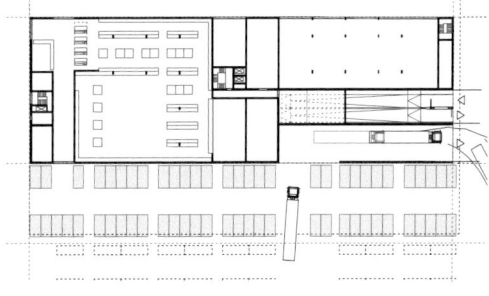

Grundriss EG

Generation GAP – Erfolgreich entwickeln und planen
Von der Quartiersentwicklung bis zum WOODIE
Neubau eines 14-geschossigen Mehrgenerationenhauses
Seminar mit Wettbewerb in Kooperation mit VIERZIG 549, DIE WOHNKAMPANIE NRW
HafenCity Universität (HCU) _ WiSe 2019/20

Dozenten
Prof. Dipl.-Ing. Reinhold Johrendt
Dipl.-Ing. Frank Buken

Wissenschaftliche Assistenz
Dr.-Ing. Bernd Pastuschka
Dipl.-Ing. (FH) Martin Hertel

Der Ideenwettbewerb beinhaltet einen architektonischen Entwurf unter Berücksichtigung der bestehenden Quartiersplanung wie im Seminar dargestellt und erläutert.

Aufgabe

Erarbeitung eines Konzepts für das künftige Mehrgenerationenhaus im Mischgebiet 2 Düsseldorf-Heerdt sowie Entwicklung eines Gestaltungsvorschlags für den Gebäudefreibereich, einer Verbindung zu den benachbart geplanten und bestehenden Freiflächen (optional). Das zu entwerfende Mehrgenerationenhaus ist ein Angebot von Wohnen und Leben für unterschiedliche Generationen und Ethnien aus dem Stadtteil und der Metropole Düsseldorf. Die unterschiedlichen Wohnungsgrundrisse sollen sich den veränderten Lebenszyklen flexibel anpassen – durch Umzug innerhalb des Wohnturms oder durch Teilung und Zusammenführen von Wohneinheiten. Es soll Gemeinschaftsräume für verschiedene Aktivitäten geben.

Das Mehrgenerationenhaus umfasst Nutzungen verschiedener Träger, öffentliche Bereiche und Wohnangebote insbesondere für Senior:innen und Menschen mit Betreuungsbedarf. Im Mehrgenerationenhaus sollen ältere Menschen, junge Familien und Studierende gemeinsam unter einem Dach – verteilt auf 14 Etagen mit jeweils ca. 25-28 m^2 Wohnfläche/BGF leben. Achtung: Wohnfläche/BGF ist ein Bewertungsfaktor!

Terrassen, Balkone, Verteilerflächen in den Flurzonen können den verschiedenen Generationen als Begegnungs- und Kommunikationsflächen dienen. Die maximale Gebäudehöhe ist mit 75,25 m ü. NN vorgegeben. Die Module müssen schaltbar sein und zu Wohnungen oder Mehrraumwohnungen konzipiert werden können.

Öffentlichkeit – Privatheit

Das Raumkonzept muss Öffentlichkeit und Privatheit im Gebäude berücksichtigen. Die öffentlichen Bereiche sind sinnvoll in den Geschossen zu verteilen oder zentral anzuordnen.

GENERATION GAP – Entwurf von Julia Krause und Anneke Jobs

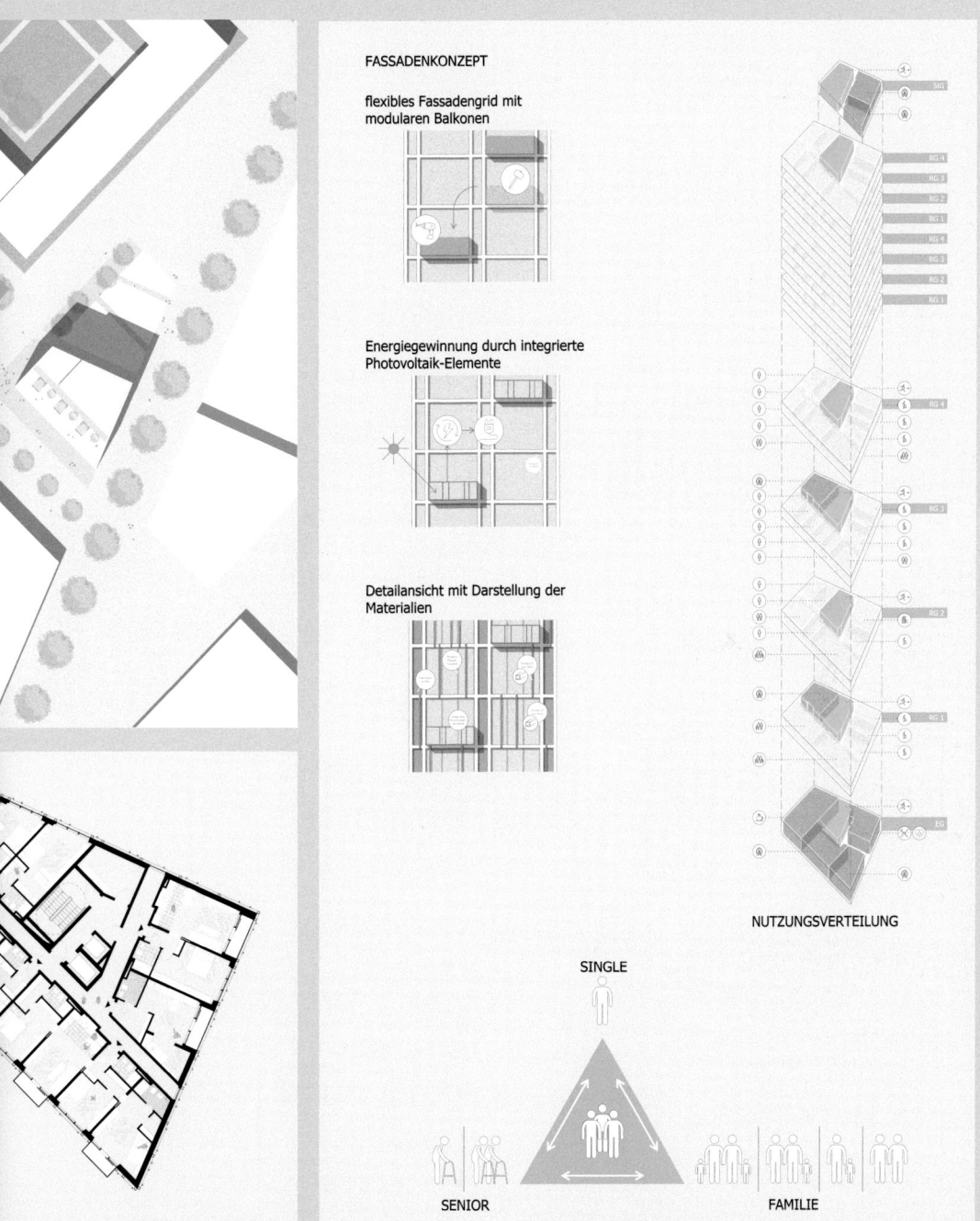

FASSADENKONZEPT

flexibles Fassadengrid mit
modularen Balkonen

Energiegewinnung durch integrierte
Photovoltaik-Elemente

Detailansicht mit Darstellung der
Materialien

NUTZUNGSVERTEILUNG

SINGLE

SENIOR   FAMILIE

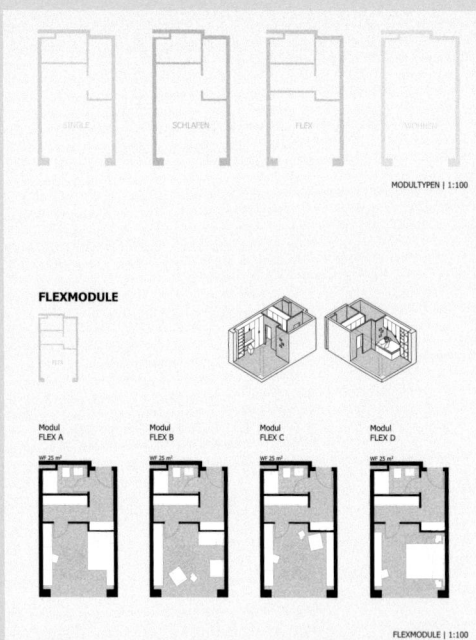

FLEXMODULE

Modul FLEX A
Modul FLEX B
Modul FLEX C
Modul FLEX D

WF 25 m²
WF 25 m²
WF 25 m²
WF 25 m²

FLEXMODULE | 1:100

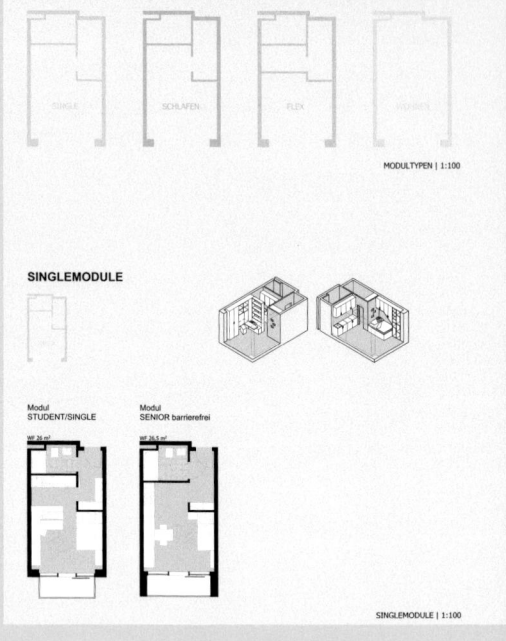

SINGLEMODULE

Modul STUDENT/SINGLE
Modul SENIOR barrierefrei

WF 26 m²
WF 26,5 m²

SINGLEMODULE | 1:100

VARIANTE 2 Zimmer APARTMENT
WF 50 m²

Modul SCHLAFEN B
Modul WOHNEN

VARIANTE 2 Zimmer APARTMENT barrierefrei
WF 54 m²

Modul SCHLAFEN barrierefrei
Modul WOHNEN barrierefrei

VARIANTE 3 Zimmer APARTMENT
WF 75 m²

Modul FLEX C
Modul WOHNEN
Modul SCHLAFEN A

PAAR APARTMENTS | 1:100

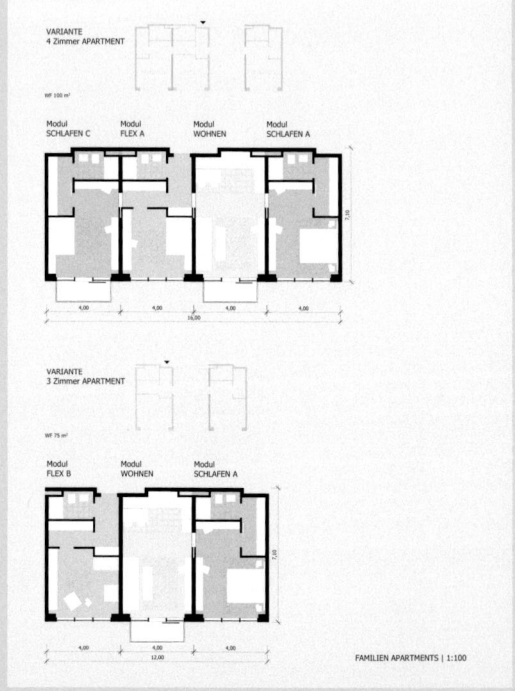

VARIANTE 4 Zimmer APARTMENT
WF 100 m²

Modul SCHLAFEN C
Modul FLEX A
Modul WOHNEN
Modul SCHLAFEN A

VARIANTE 3 Zimmer APARTMENT
WF 75 m²

Modul FLEX B
Modul WOHNEN
Modul SCHLAFEN A

FAMILIEN APARTMENTS | 1:100

mikro_apartments

Micro-Living und Co-Living
Kostenoptimiertes Bauen am Beispiel Mikroapartments

Frank Buken

Warum planen wir Mikroapartments? Warum sind sie sowohl bei Investor:innen, Betreiber:innen als auch Bewohner:innen so beliebt, und warum entstehen sie zurzeit vermehrt in Ballungszentren und Großstädten?

Laut Statistischem Bundesamt lag im Jahr 2018 der Anteil der 1-Personen-Wohnungen bei 41,9 %. Im Vergleich zum Jahr 1991 verzeichnete diese Wohnform eine Steigerung um 8,3 %, während der Anteil der 3-oder 4-Personen-Wohnungen weiterhin sinkt. 3-Zimmer-Wohnungen wurden im Vergleich zum Jahr 1991 um 5,2 % reduziert. Laut Statistischem Bundesamt wird der Anteil der 1-Zimmer-Wohnungen bzw. Single-apartments bis 2040 um weitere knapp 3 % auf 45,3 % steigen, womit fast die Hälfte des gesamten Wohnungsbedarfs gedeckt wäre.

Blick von der Dachterrasse des Studentenwohnheims in Dresden

Worin ist dieser Anstieg in den letzten 30 Jahren begründet? Warum haben 1-Zimmer-Wohnungen schon seit Langem den größten Anteil am Wohnungsmarkt?

Ballungszentren und Großstädte wie Hamburg, Berlin, München, Frankfurt, Düsseldorf und Stuttgart bieten die attraktivsten *Arbeits- und Ausbildungsmöglichkeiten* für Studierende, Auszubildende und Berufstätige. Gerade der in den Großstädten der Industrieländer kontinuierlich wachsende Dienstleistungssektor stellt eine große Vielfalt an Arbeitsplätzen bereit, während der primäre Sektor (Landwirtschaft) und der sekundäre Sektor (industrielle Produktion) aufgrund der effizienteren und automatisierten Arbeitsabläufe mehr und mehr an Bedeutung verlieren.

Weitere Gründe sind die *steigende Anzahl von Singles und kinderlosen Paaren* gerade in Großstädten sowie die *steigende Anzahl der Global Player*, die weltweit in den Metropolen für internationale Konzerne oder Startups unterwegs sind. Im Zuge der zunehmenden Digitalisierung gewinnen internationale Vernetzungen und Kooperationen immer mehr an Bedeutung für den Erfolg und die Skalierung eines Unternehmens.

Darüber hinaus sind in vielen Bereichen *Arbeitsplätze flexibler* geworden und nicht mehr an einen festen Ort gebunden: Homeoffice und Co-Working-Büros erfreuen sich wachsender Beliebtheit. Um keine Zeit durch tägliches Pendeln zwischen Arbeitsplatz und Wohnort zu verlieren, wohnen Arbeitnehmer:innen während der Woche häufig in einem Apartment in der Nähe des Arbeitsplatzes. Neben Mikroapartments decken diesen Bedarf auch Longstay-Hotels oder Boardinghouses. Diese weisen eine ähnliche Struktur auf, sind allerdings betreibergeführt und bieten gleichzeitig die Annehmlichkeiten eines Hotels, wie zum Beispiel Frühstück, Wäscheservice und Minibar.

Weitere Gründe für die Beliebtheit von Micro-Living sind oftmals auch die *zentrale Lage* in einer Großstadt und die Erreichbarkeit der Wohnung mit *öffentlichen Verkehrsmitteln*, die Nähe zu kulturellen und sozialen Einrichtungen, die die *Teilhabe am gesellschaftlichen Leben* nach der Arbeit gewährleisten. Keine Zeit verlieren für eine gute „Work-Life-Balance" wird gerade bei der jüngeren Generation immer wichtiger.

Aufgrund der mit der hohen Nachfrage steigenden Grundstücks- und Baupreise in zentraler Großstadtlage ist es Projektentwickler:innen/Investor:innen kaum mehr möglich, die von der Stadt gewünschten Familienwohnungen (ab 3-Zimmer) als bezahlbaren Wohnraum anzubieten. Um der Wirtschaftlichkeit

willen müssten die Mietpreise für eine 3-Zimmer-Wohnung in zentraler Lage so hoch sein, dass die Wohnungen kaum mehr vermietbar wären. 22 m^2 bis 30 m^2 große Apartments sind mit einer monatlichen Gesamtmiete von 500 bis 800 Euro zwar nicht gerade günstig, aber für einen ausreichend großen Personenkreis noch erschwinglich. Insofern lässt sich in den Innenstadtlagen generell eine verstärkte Entwicklung hin zu Micro-Living-Gebäuden beobachten. Da jedoch Mehrzimmerwohnungen für Familien fehlen, wirken Politik und die Stadt dieser Gentrifizierung immer häufiger entgegen.

Auch *Flächen- und Wohnungsknappheit* sowie das jahrelange Versäumnis, die Nachfrage nach Wohnungen durch *Wohnbauförderungen* zu forcieren, sind Gründe dafür, dass Familienwohnungen in Großstädten und Ballungszentren wirtschaftlich kaum mehr zu realisieren sind.

Mikroapartments und ihre Charakteristika

Die Grundrisstypologie eines Mikroapartmentgebäudes unterscheidet sich im Regelgeschoss auf den ersten Blick nicht stark von einer Hotelnutzung. So sind die Zimmer im Durchschnitt zwischen 22 m^2 und 30 m^2 groß. Hotelzimmer sind je nach Hotelkategorie im 2-Sterne-Bereich zwischen 13 m^2 und 18 m^2, im 3-Sterne-Bereich zwischen 18 m^2 und 22 m^2 und im 4-Sterne-Bereich ab 22 m^2 groß. Seit Jahren ist allerdings zu beobachten, dass deutlich mehr Hotels im 2- und 3-Sterne-Segment entwickelt werden, da die durchschnittliche Hotelzimmergröße aufgrund der erforderlichen Effizienz sinkt. Auch hier wirken sich die steigenden Preise und das durch den demografischen Wandel bedingte Umdenken aus. Da ein Mikroapartment meist im Eingangsbereich mit einer Pantry ausgestattet ist, ist es verglichen mit einem Hotelzimmer trotz derselben Größe eine Miniwohnung. Der Rest des Regelgeschosses besteht aus einer zweihüftigen Anlage mit Mittelflur und zwei baulichen Rettungswegen, die bei dieser Wohnform immer nachgewiesen werden müssen.

Ähnlich wie Hotelbetreiber:innen unterwerfen auch die Betreiber:innen möbliert angebotener Mikroapartmentanlagen ihr „Produkt" einer Corporate Identity, mit der Innenarchitekt:innen oder Designer:innen für das gesamte Gebäude sowie die Mikroapartments beauftragt werden. Von der Badfliese, der Wascharmatur, dem Bett bis hin zur Pantry werden für jedes Gebäude und jedes Zimmer ein individueller Charakter und ein hoher Wiedererkennungswert geschaffen.

Bei allen Wohnformen ist der Ruf nach Flexibilität und Schaltbarkeit mehrerer Räume groß, doch vor allem wegen der sehr starken Optimierung und Definition der Zimmer, ähnlich wie in einem Hotel, ist es nur selten möglich, für die Schaltbarkeit mehr als eine Verbindungstür

einzuplanen. Jede Wand wird für die Möblierung genutzt: das Bett an der einen Wand, das Sideboard inklusive TV-Gerät an der anderen. Bei einigen Wohnformen ist die Optimierung bereits so weit fortgeschritten, dass beispielsweise ein Schreibtisch in einem Studentenapartment nur an der Fassade stehen kann und eine teilweise bodentiefe Verglasung wenn überhaupt nur hier möglich ist. Ein sensibles Thema sind Rauchmelder in kleinen Räumen, in denen auch gekocht wird, sowie die Lüftung. Eine Querlüftung ist nur bedingt möglich, sodass es bei Südausrichtung trotz Lüftung schnell zu hohen Temperaturen im Apartment kommt.

Die Zusammenschaltung von mehr als zwei Zimmern führt zu einer Verdopplung von Bad- und Küchenbereich. Dort, wo nur Raum zum Schlafen und Wohnen benötigt wird, gibt es dann ein weiteres Bad und eine zweite Pantry. Zur Erreichung der Flexibilität müsste also wenigstens die Küche umgenutzt werden. Eine fertiggestellte Mikroapartmentanlage ist also auch eine Spezialimmobilie. Zwar ist es möglich, vorab einige Zimmerachsen für zusätzliche Zimmer einzuplanen, doch auch dann ist der Grundriss nicht flexibel, da faktisch eine 2-Zimmer-Wohnung gebaut wird, die aufgrund eines fehlenden Bades und einer fehlenden Küche wiederum nicht mehr geteilt werden kann. Der Nutzungs- und Wohnungsmix muss also wie in jeder anderen Wohnimmobilie auch vor dem Bau feststehen, eine Zusammenschaltung ist ohne Umbauten nicht möglich. Bei einem Wiener Wohnprojekt wurde zum Beispiel versucht, übereinanderliegende Zimmer zusammenzuschalten. Neben den erwähnten Problemen reduziert sich die Flächeneffizienz aufgrund der Treppe und des Luftraums. Diese Planungen funktionieren nur, wenn die Lage und der Ausblick so besonders sind, dass der Mietpreis für jedes Zimmer die fehlende Effizienz ausgleicht. Aufgabe der/des Architekt:in ist es nun, die klaren Zimmer- und Raumprogrammvorgaben unterzubringen und den Entwurf so effizient wie möglich zu gestalten. Ein Richtwert, den jede/jeder Betreiber:in mitbringt, ist m^2-Bruttogeschossfläche pro Wohneinheit. In diese Fläche werden nicht nur die Zimmerflächen eingerechnet, sondern auch alle Erschließungs- bzw. Verkehrsflächen und erforderlichen Nebenflächen wie beispielsweise Gemeinschaftsräume, Lobby oder Empfang. Wird die Konstruktionsfläche hinzugerechnet, liegt der Wert „BGF pro unit" von einem Apartment mit einer Nutzfläche bzw. Mietfläche von 22 m^2 bei minimal 30 m^2. Wie effizient die/der Architekt:in geplant hat, können Betreiber:innen feststellen, indem sie die angestrebte „BGF pro unit" mit der Planung vergleichen. Einen guten Wert in der Planung zu erzielen ist nur möglich, wenn die maximale Anzahl an Standardzimmern im Grundriss untergebracht werden kann. Dies ist abhängig vom Grundstückszuschnitt und der Gebäudeform. In jedem Gebäude gibt

es Sonderzimmer, die vom Standard abweichen, da die meisten Planungen im Stadtgebiet liegen und die Grundstückszuschnitte und/oder die umliegende Bebauung keine Anordnung eines geraden zweihüftigen Riegels zulassen. Da die Standardzimmer bereits optimiert worden sind, sind sie immer größer und verschlechtern die Effizienz.

Ein gutes Beispiel für den Umgang mit einer ungünstigen Grundstücksform ist das Studentenwohnheim (von ehemals nps tchoban voss) am Hühnerposten in der Nähe des Hamburger Hauptbahnhofs. Wären alle drei Grundstücksseiten belegt gewesen, hätte das dreieckige Grundstück einen Innenhof umspannt. Um die Effizienz zu steigern, wurden jedoch nur zwei Grundstücksseiten mit einer zweihüftigen Anlage konzipiert. Bedingt durch die ungünstige Grundstücksform war nur eine eingeschränkte Planung möglich, doch konnte mit dieser Entscheidung wenigstens das Optimum für dieses Grundstück erzielt werden. Der Vorteil der Betreiber:innen von Mikroapartmentanlagen besteht darin, dass jeder Quadratmeter Nutzfläche vermietet werden kann, wohingegen Hoteliers nur bei stark abweichenden Größen Zimmer als Junior-Suite o. Ä. zu gehobenen Preisen anbieten können.

Soll in 1,5-Zimmer-Apartments der Wohnraum optisch und/oder räumlich vom Schlafbereich getrennt sein, so ist dies durch einen offenen Raumteiler mit integriertem Fernseher oder eine geschlossene Wand im Abstand von 75 cm bis 1 m vor dem Bett möglich, die sogenannte Graf Moltke-Lösung, die den Zugang zum Schlafbereich über zwei Türen ermöglicht. Die Schwierigkeiten bei der Planung eines Mikroapartment-gebäudes bestehen in den Vorgaben der Betreiber:innen, im Grundstücks-zuschnitt und in den Nachbarbebauun-gen. Ein effizienter Entwurf erfordert ein hohes Maß an Kreativität bei der Opti-mierung der Flächen.

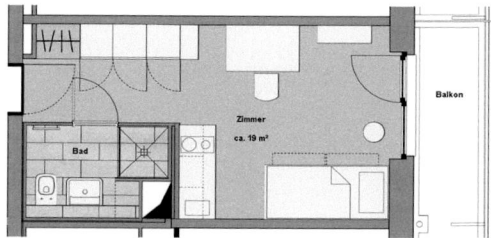

Exemplarischer Grundriss für ein Mikroapartment

Die Planung von Mikroapartments und 1,5- bis 2-Zimmer-Wohnungen stößt soziologisch gesehen allerdings an ihre Grenzen: Ist beispielsweise in einem Hochhaus mit 600 1-bis 2-Zimmer-Woh-nungen der soziale Frieden dauerhaft gewährleistet? Werden die Fehler, die in früheren Zeiten aufgrund der Woh-nungsnot gemacht wurden, wiederholt?

Bei jeder Nutzungsform ist die Effizienz des Gebäudes entscheidend. Die Brutto-geschossfläche – also Nutzflächen plus Konstruktions-, Erschließungs- und Tech-nikflächen – ist mit den tatsächlichen Wohn- bzw. vermietbaren Nutzflächen ins Verhältnis zu setzen. Werden die

vermietbaren Flächen inklusive Balkon- und Terrassenflächen (50 % bzw. 25 %) durch die Bruttogeschossfläche geteilt, so ergibt sich ein allgemeiner Effizienz-faktor, der in der Immobilienbranche den Effizienzindex darstellt und die Planung wirtschaftlich oder unwirt-schaftlich macht.

Der Efffizienzfaktor sollte bei folgenden Nutzungen diese Werte ergeben:

Wohnungsbau (frei finanziert)
0,80 – 0,83

Sozialer Wohnungsbau
0,77 – 0,80

Bürogebäude (MF gemäß GIF/BGF)
0,85 – 0,90

Einzelhandel
0,85 – 0,90

Hotel oder Mikroapartment
0,65 – 0,70

Wird eine Mikroapartmentanlage mit Mittelgangerschließung zugrunde gelegt, ist der Wert von 0,80 nicht erreichbar, da der Erschließungsanteil zu groß ist. Bei einem Hotel ist dieser Wert nicht entscheidend. Hier sind die maximal erreichbare Anzahl der Zimmer und der für die Sterne-Kategorie wenigs-tens grob angenommene Wert von BGF pro Anzahl der Zimmer entscheidend. Eine Sonderimmobilie ist immer ein Hochhaus. Hier muss auf die Größe der

Grundfläche und den Anteil der Nutzfläche pro Ebene geachtet werden. Ein Wert von 0,70-0,80 ist auch hier erstrebenswert, allerdings schwer erreichbar. In den von Achim Nagel entwickelten WOODIES werden aus Holz vorfabrizierte Wohnmodule um einen festen Erschließungskern bis in eine Höhe von 6 Geschossen gestapelt. Eine Variante der Mikroapartments sind die für die Freizeit weiterentwickelten Tiny Houses. Das Bedürfnis, naturnah und trotzdem in einem wetterge-

schützten Raum zu wohnen und zu schlafen, erfreut sich immer größerer Beliebtheit.

Die Thematik Module und Schaltbarkeit wurde im Rahmen des Seminars „Generation GAP" im Wintersemester 2019/20 von Studierenden im Wettbewerb an der HafenCity Universität (HCU), Hamburg bearbeitet. Der erste Preis wurde für die Arbeit mit dem Titel „Adaptive Architektur" vergeben, da sie mit innovativen Grundrissen überzeugen konnte.

Entwurf für Tiny Houses in Malente

Beispiel
Mikroapartment

Projekt
Studentenresidenz Head Quarters

Bauherrin
Uninest Germany GmbH

Standort
Dresden

Realisierung
2017

BGF
6.652 m²

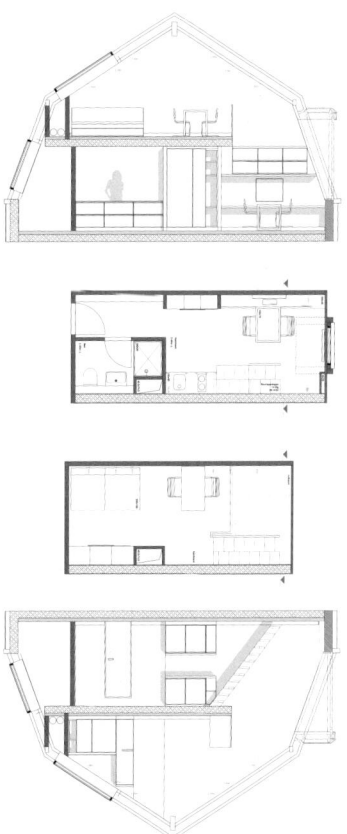

Schnitte und Grundrisse Maisonette

Challenge City – Nachhaltiger und bezahlbarer Wohnungsbau
Entwicklung einer Mischimmobilie mit Einzelhandel im EG
mit 6 Vollgeschossen und 1 Staffelgeschoss
Seminar HafenCity Universität (HCU) _ SoSe 2020

Dozent
Dipl.-Ing. Frank Buken

Wissenschaftliche Assistenz
Dr.-Ing. Bernd Pastuschka
Dipl.-Ing. (FH) Martin Hertel

Aufgabe

» Abstaffelung zum Nachbarn
  Lüneburger Straße 10 gemäß Studie

» Optimierung der Kubatur durch
  Prüfung von Abständen und
  Integration der Nutzung

» Optimierung der Erschließung

» Einhaltung der HBauO

» Grundsätzlich ist eine Befreiung von
  der Geschossigkeit wie in der Studie
  als gegeben anzunehmen

» Einzimmerapartments (ca. 40 m²
  Wohnfläche) ab dem 1. Obergeschoss
  mit Duschbad, Kochbereich, Schlafbereich und wenn möglich einem
  Wohn-/Essbereich.

» ca. 35 % der Wohnungen sollen als
  Mehrraumwohnungen ausgebildet
  sein (mind. 2-Zimmer-Wohnung)

» Berücksichtigung der Barrierefreiheit
  gemäß HBauO und DIN 18040-2

» Nachweis der Nebenflächen
  (Abstellräume/Fahrräder) und
  Technik im Untergeschoss

» Nachweis der erforderlichen
  Fahrradstellplätze gemäß
  Fachanweisung Hamburg

» Das Gebäude ist auf Wunsch des
  Bezirkes optisch in zwei Gebäudeteile
  zu gliedern

Abgabeleistungen

» Grundrisse M 1:200

» Querschnitt M 1:200

» Erforderliche Nachweise:
  Stellplätze
  Abstellräume
  Anzahl der Einheiten
  Anteil der Mehrraumwohnungen
  Nachweis der Barrierefreiheit
  BGF-R und BGF-S sowie
  Wohn- und Nutzflächen

» Visualisierung einer Fassadenidee

CHALLENGE CITY – Entwurf von Tim Büschel und Simon Grewe

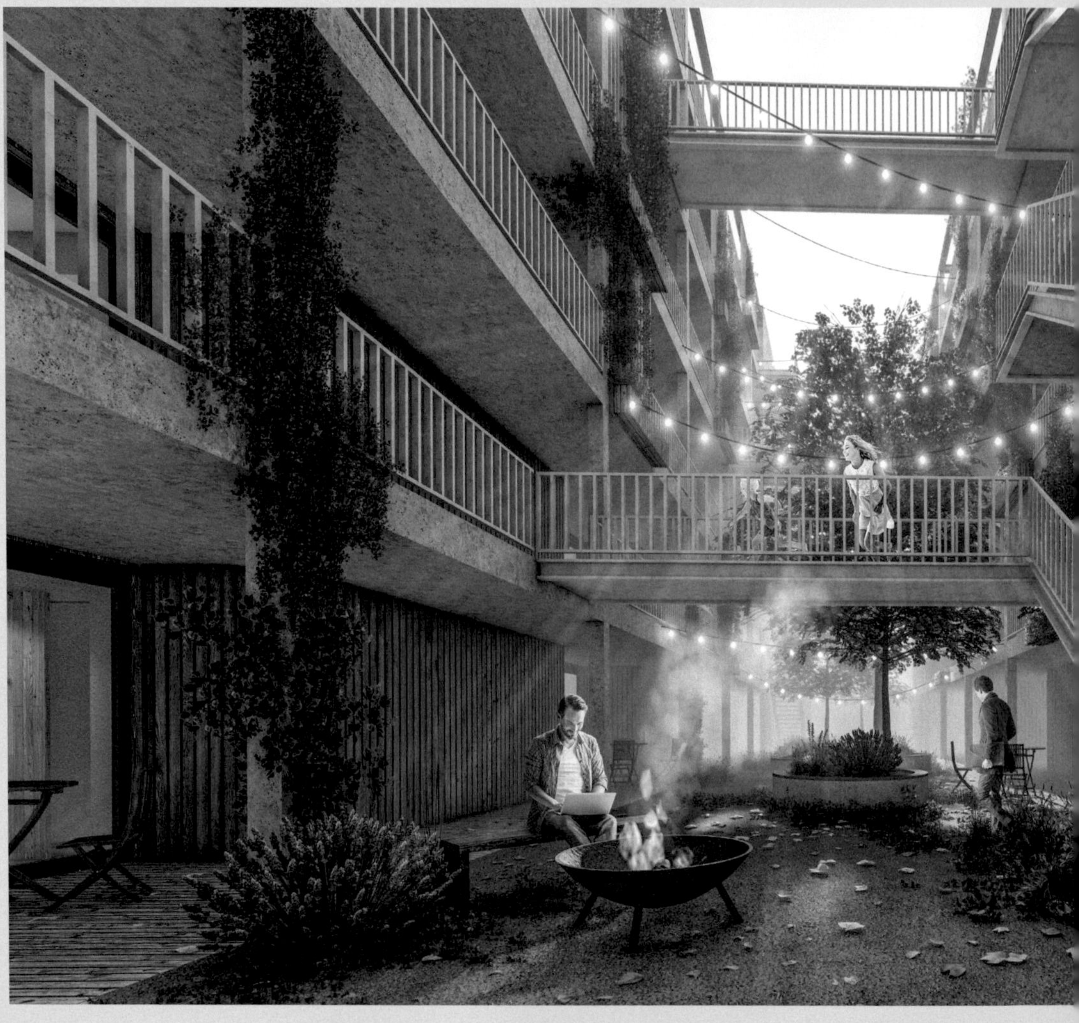

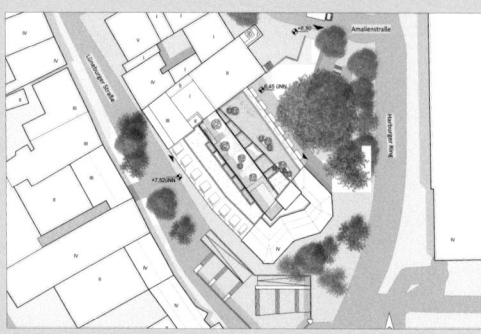

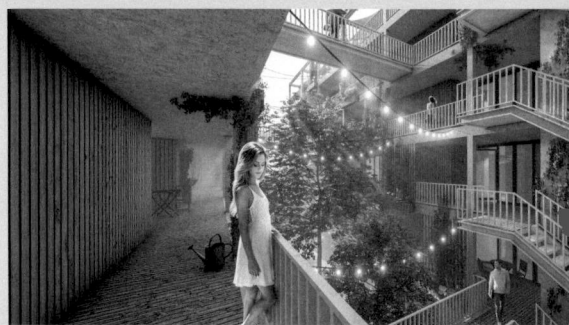

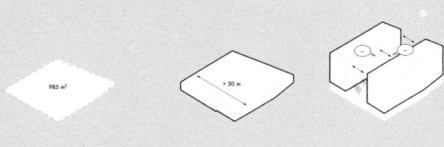

STEHFALZ

KLINKER

HOLZ

Studentenwohnheim
WOODIE

STANDORT
Dratelnstraße, 21109 Hamburg

BAUHERRIN
Dritte PRIMUS Projekt GmbH
(Joint Venture von PRIMUS
developments GmbH und
Senectus Capital, Hamburg)

ARCHITEKTURBÜRO
Sauerbruch Hutton Architekten, Berlin

HOLZMODULBAU
Kaufmann Bausysteme, Reuthe

BETONBAU
August Prien

WOODIE
Studentenwohnheim Wilhelmsburg

Achim Nagel und Marie Kryska

Gegenüber unserem Planeten haben wir die Verpflichtung, uns um den Erhalt unserer Lebensgrundlagen zu kümmern. Aufgrund unserer Privilegien haben wir jedoch bislang vergessen, die Veränderung der Umwelt und des Klimawandels ernst zu nehmen. Nun müssen wir in den nächsten Jahren unseren Energieverbrauch drastisch reduzieren, Mobilität neu denken, und vor allem die Bauindustrie muss ihren Beitrag zum Wandel leisten. Die Bauindustrie ist vermutlich der größte CO_2-Emittent. Natürlich können und wollen wir als Gesellschaft nicht auf die Fortentwicklung unserer Städte verzichten, denn dies zählt zu den sozialen Leistungen der Gesellschaft für den Einzelnen. Das Bauen muss jedoch nicht nur dem Menschen dienen, sondern in vertretbarem Umfang und unter Schonung unserer natürlichen Ressourcen erfolgen. Für uns bedeutet dies eine radikale Reduzierung des Energieverbrauchs beim Neubau sowie eine Weiterentwicklung des vorhandenen Bestands.

Diese Notwendigkeit hätte uns in den letzten Jahren eigentlich längst klar geworden sein müssen, doch wir alle waren selbstgefällig und haben nichts gegen das Elend des konventionellen und verprassenden Bauens getan. Es ist höchste Zeit, die positive und ressourcenschonende Weiterentwicklung des Bauens endlich anzugehen. Der Teil, den PRIMUS developments dazu beitragen wird, besteht im Einsatz des Rohstoffs Holz und somit im Einsatz eines in der Nutzungszeit des Gebäudes nachwachsenden Baustoffs. Zudem haben wir die modulare Holzbauweise weiterentwickelt und für verschiedene Nutzungen eine WOODIE-Toolbox generiert, sodass wir heute in modularer Bauweise nicht nur Wohngebäude, sondern auch Hotels und Büros realisieren können.

Unser Umdenken begann mit dem Projekt WOODIE in Hamburg.

Das Studentenwohnheim WOODIE ist für uns das Pilotprojekt einer neuen nachhaltigen Bauweise. Module wurden zwar schon lange zum Beispiel beim Hotelbau für Nasszellen verwendet, beim WOODIE führte die Vorfertigung komplett eingerichteter Holzmodule darüber hinaus aber auch zu verkürzter Bauzeit vor Ort und einer einzigartig hohen Qualität des Ausbaus. Neben geringerem Gewicht, Speicherung von CO_2, Elastizität des Materials und guter Isolierung bieten die Module eine angenehme Raumatmosphäre und ein biologisches Raumklima.

WOODIE Studentenwohnheim Wilhelmsburg mit Aufständerung und Auskragung

Grundstücksgröße
4.015 m²

Grundflächenzahl
0,55

Geschossflächenzahl
3,27

Nutzfläche gesamt
12.715 m²

Nutzfläche
10.200 m²

Technikfläche
490 m²

Verkehrsfläche
2.025 m²

Brutto-Grundfläche
13.140 m²

Brutto-Rauminhalt
38.805 m³

WOODIE liegt im aufstrebenden Hamburger Stadtteil Wilhelmsburg gegenüber der Internationalen Bauausstellung (IBA) Hamburg. Wilhelmsburg steht seit der IBA für die Neuausrichtung des Bauens und eine nachhaltige Stadtentwicklung. Das Studentenwohnheim entstand in der Verlängerung der Behörde für Stadtentwicklung und Umwelt (BSU) und fügt sich mit seiner E-Form als Rückgrat städtebaulich in das Quartier ein.

Mäandrierende WOODIE-Fassade

Es wurden 3.800 m^3 Holz auf über
6 Etagen in 371 Raummodulen und
eine vorgehängte Holzfassade verbaut.

Das Erdgeschoss ist als Stahlbetontisch
mit 3 Erschließungskernen für das Treppenhaus und die Aufzüge konstruiert.

Große Teile des Erdgeschosses zwischen
den Gebäudeaussteifungen dienen als
öffentliche Fahrradstellplätze, während
die drei Querriegel Platz für eine Lobby,
ein Café und einen Gemeinschaftsraum
bieten.

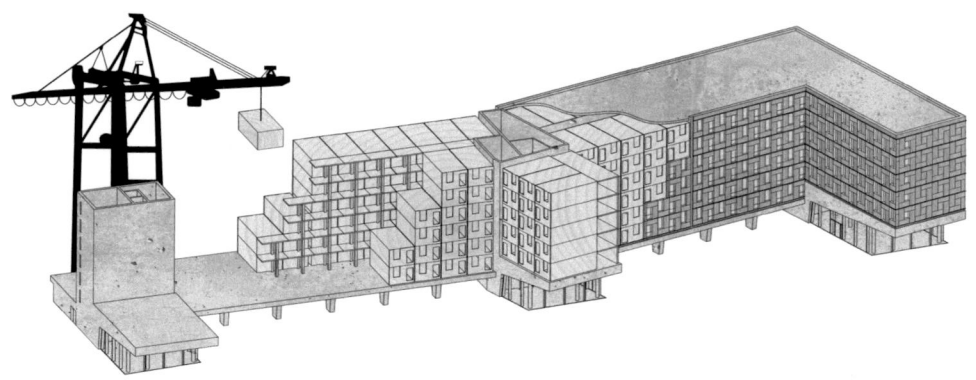

Darstellung der Stapelung von Modulen, Aussteifungen und Luftgeschossen

In Zusammenarbeit mit dem Holzbau-unternehmen Kaufmann Bausysteme wurden zwei Modultypen entwickelt. Das Standardmodul hat mit einer Abmessung von 6,30 m x 3,30 m eine Zimmergröße von ca. 21 m². Rund 20 % der Module sind barrierefrei gebaut und circa 26 m² groß.

Die lichte Raumhöhe beider Modultypen beträgt 2,46 m. Hergestellt im Werk in Österreich, sind die Module als komplett umschlossene Bauteile mit Badezimmer, Kochbereich, Möblierungen und Verkabelung bereits vor der Montage ausgestattet.

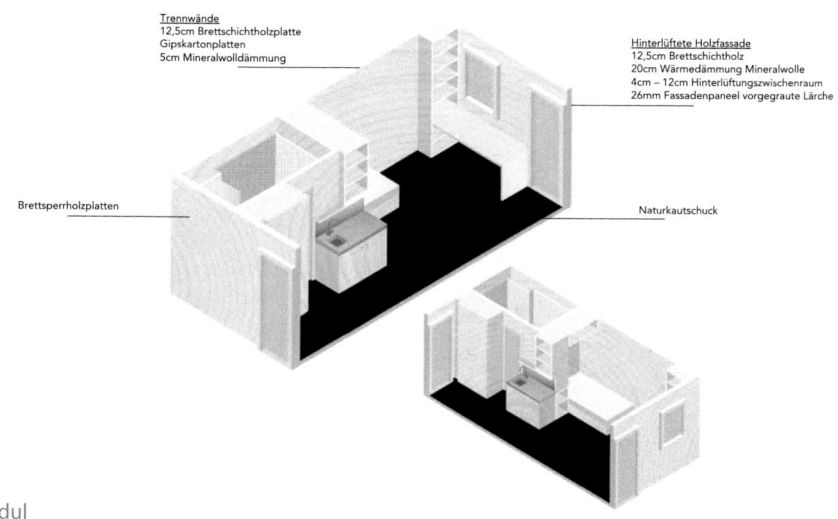

Trennwände
12,5cm Brettschichtholzplatte
Gipskartonplatten
5cm Mineralwolldämmung

Hinterlüftete Holzfassade
12,5cm Brettschichtholz
20cm Wärmedämmung Mineralwolle
4cm – 12cm Hinterlüftungszwischenraum
26mm Fassadenpaneel vorgegraute Lärche

Brettsperrholzplatten

Naturkautschuk

Holzmodul

Fertigungshalle Kaufmann Bausysteme

Die kurze Bauzeit von 10 Monaten war nur durch die serielle Fließbandfertigung und die Modulmontage möglich. Aufgrund des hohen Vorfertigungsgrades musste nur eine kleinere Baustelleneinrichtung vorgehalten werden, wodurch der Einfluss der Baustelle auf die umliegenden Nachbarn minimiert wurde. Zudem konnten die Holzmodule im Werk in Österreich ohne Witterungseinflüsse hergestellt werden.

Stapelung der vorgefertigen Holzmodule

Umnutzung

In dem klaren Grundriss können durch Koppelung verschiedene Nutzerszenarien durchgespielt werden. Aus einer 20 m² großen Wohnung können durch Zusammenschluss zweier Module 40 m² für zwei Personen erstellt werden. Durch weitere Durchbrüche können mit diesem Verfahren Wohnungen in jeweils 20 m²-Schritten vergrößert werden. Auf diese Weise werden Wohnungen für Personen in unterschiedlichen Lebenssituationen durch einfache Zusammenschlüsse ermöglicht. Die Wohnungen sind auch barrierefrei und altersgerecht anpassbar.

Obwohl WOODIE die Herstellung von Modulen und deren Montage bereits weitgehend optimiert hat, sehen wir noch Optimierungspotenzial.

» Im Planungsprozess müssen sich Architekt:innen und Planer:innen umstellen. Die Module bilden die Grundlage der Planung. Wird dies akzeptiert, wird Zeit frei, um Erschließung, Fassade und Gebäudekonzept zu optimieren. Im Planungsablauf wird schon in der Vorplanung die Ausführung mitgedacht. Hand in Hand müssen Planer:innen und Modulbauer:innen die Planung gemeinsam erarbeiten. So hat die/der Auftraggeber:in bereits mit dem Bauantrag ein ausführungsreifes Projekt und einen Angebotspreis.

» Es geht auch darum, die Logistik von der Modulherstellung zur Baustelle zu optimieren. Montagehallen an der Baustelle würden den Logistikaufwand enorm reduzieren, da sie das Transportieren von Luft in fertigen Modulen unnötig machen. Zudem müssen die Logistik auf der Baustelle und der Ablauf des Einbaus der Module detailliert geplant werden, sodass keine Module gelagert werden müssen, sondern just in time angeliefert und verbaut werden können. Holzkonstruktionen, ebenfalls Modulbauten, sind immer Hybridkonstruktionen, und aus Vernunftsgründen ist ein Treppenhaus oder ein Aufzugsschacht aus Beton sinnvoll. Es ist auch zu hinterfragen, ob man Hochhäuser aus Holz errichten sollte.

» Im Grunde genommen ist Holz ein Problemlöser: kein Schimmel, keine Kältebrücken und bauphysikalische und baubiologische Vorteile. Das weiterzuentwickeln ist notwendig, ungeachtet der Frage, ob man komplett in Holz-Modulbauweise plant oder den Einsatz von Holz nur für Bauteile wie Fassade und dergleichen vorsieht. Das geringe Gewicht spricht zudem für Anwendungen in der Weiterentwicklung des Bestands, wie Aufstockung von Gebäuden oder Nachverdichtungen.

UMNUTZUNG RECONFIGURATION

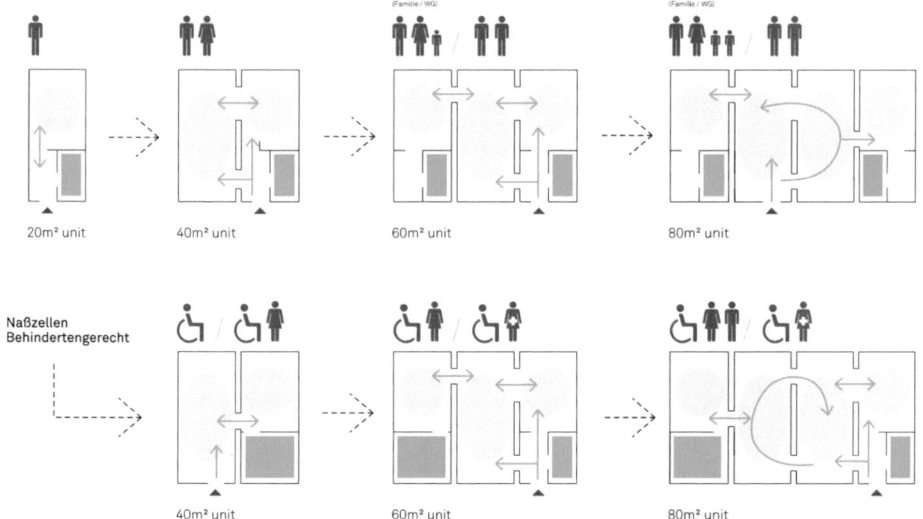

Umstrukturierung und Zusammenschluss einzelner Module

Büroprojekt RockyWood in Offenbach

Hotelprojekt in Lübeck

In den letzten drei Jahren haben wir ausgehend von der WOODIE-Toolbox Module weiterentwickelt, die uns in die Lage versetzen, neben den Wohnungen auch Büros und Hotels zu realisieren. Neben Rationalität und Beherrschbarkeit des Bauens ist uns aber auch wichtig, sicherzustellen, dass die verbrauchte Menge Holz nachwächst. Unser WOODIE WOOD CYCLE zeigt, wie dies funktioniert, und egal, ob dann Tannen in der Steiermark oder Buchen auf einer Sturmbrache in Hessen gepflanzt werden: Immer stellen wir sicher, dass in der pro-gnostizierten Mindestlebensdauer eines Hauses (i.d.R. 40 Jahre) das Holz, das wir verbaut haben, nachgewachsen ist.

Dieser Doppeleffekt – Speicherung von CO_2 in Gebäuden und zusätzliche Speicherung in den nachwachsenden Bäumen – würde uns in Zeiten des Klimawandels die sprichwörtliche „Luft" geben, die wir brauchen, um den Klimawandel zu begrenzen, ihn vielleicht sogar zu kompensieren, wenn andere am Klimawandel Beteiligte ihre Ziele nicht erreichen können oder wollen.

Appendix

Auszug aus den
EINGEREICHTEN BAUUNTERLAGEN (BAUANTRAG)

01 Antrag auf Baugenehmigung

02 Gebührennachweis

03 Bauvorlageberechtigung

04 Auszug aus dem Liegenschaftskataster

05 Lagepläne, Außenanlagen

06 Bauzeichnungen

07 Berechnung Maß der baulichen Nutzung

08 Baubeschreibung

09 Stellplatznachweis

10 Müllmengenberechnung

11 Abweichungsanträge und Vorbescheid

12 Baumgutachten

13 Entwässerungsgesuch

14 Nachweis des Brandschutzes

15 Schallschutznachweis

16 Nachweis für Wärmeschutz und Energieeinsparung

17 Statistischer Erhebungsbogen

18 Bodengutachten

19 Standsicherheitsnachweis

20 Immissionsschutznachweis

21 Baugenehmigung

MUSTER

An die Bauaufsichtsbehörde

Bezirksamt Hamburg-Nord

Behörde (z.B. Bezirksamt Altona)
Zentrum für Wirtschaftsförderung, Bauen und Umwelt

Amt (z.B. Zentrum für Wirtschaftsförderung, Bauen und Umwelt)
Bauprüfung

Abteilung (z.B. Bauprüfung)

Wird von der Behörde ausgefüllt

Geschäftszeichen _____

Eingangsstempel

Antrag

☐ Vereinfachtes Genehmigungsverfahren
nach § 61 Hamburgische Bauordnung (HBauO)

☒ Baugenehmigungsverfahren mit
Konzentrationswirkung nach § 62 HBauO

☐ Vorbescheid nach § 63 HBauO

   ☐ Nachfolgendes Verfahren: § 61 HBauO

   ☐ Nachfolgendes Verfahren: § 62 HBauO

☐ Abweichungen nach § 69 Absatz 2 HBauO

☐ Genehmigungsverfahren nach § 172 BauGB

Bauherrin/Bauherr (§ 54 HBauO)

Name (bzw. Firmenname)	Name des Verantwortlichen bei Firmen
Vorname (bzw. Fortsetzung des Firmennamens)	Vorname des Verantwortlichen bei Firmen
Straße, Hausnummer	Telefon
PLZ, Ort	E-Mail

Baugrundstück

Belegenheit (Straße, Hausnummer)

Flurstück/e	Baublock	Gemarkung

Vorhaben

☒ Errichtung   ☐ Änderung   ☐ Nutzungsänderung   ☐ Beseitigung (Abbruch)

Kurzbeschreibung   Erweiterung eines Wohngebäudes mit 12 Wohneinheiten durch einen 3-geschossigen Neubau mit ca. 1441 m² BGF-R,

10 Wohneinheiten und einer eingeschossigen Tiefgarage

Folgende Bauvorlagen werden nachgereicht (§ 4 Absatz 3 Bauvorlagenverordnung – BauVorlVO)

Standsicherheitsnachweis nach § 14 BauVolVO, Immissionsschutznachweis nach § 23 BauVorlVO

(z.B. Standsicherheitsnachweis nach § 14 BauVorlVO)

Gebühren   Für die Bearbeitung werden Gebühren nach der Baugebührenordnung (BauGebO) erhoben.

☒ Der ausgefüllte Vordruck „Anlage – Gebühren" ist beigefügt

☐ Es besteht Gebührenfreiheit wegen _____

Entwurfsverfasserin/Entwurfsverfasser (§ 55 HBauO)

Buken
Name

Frank
Vorname

Große Elbstraße 150
Straße, Hausnummer

22767 Hamburg
PLZ, Ort

040/809008088
Telefon

info@pbp.hamburg
E-Mail

Nachweis der Bauvorlageberechtigung (§ 67 HBauO)

☒ Architektin/Architekt   AL 08658
(§ 67 Absatz 2 Nr. 1 HBauO)   Nr. der Eintragungsliste

☐ Ingenieurin/Ingenieur
(§ 67 Absatz 2 Nr. 2, 3 HBauO)   Nr. der Eintragungsliste

Für Wohngebäude der Gebäudeklassen 1 und 2
☐ Abgeschlossenes Studium (§ 67 Absatz 3 Nr. 1 HBauO)

☐ Meisterin/Meister (§ 67 Absatz 3 Nr. 2 HBauO)

☐ Technikerin/Techniker (§ 67 Absatz 3 Nr. 3 HBauO)

Für Um- oder Anbauten
☐ Innenarchitektin/Innenarchitekt (§ 67 Absatz 4 HBauO)

Für Freianlagen
☐ Gartenarchitektin/Gartenarchitekt (§ 67 Absatz 5 HBauO)

Als Bauherrin/Bauherr nach § 54 HBauO

	Datum Unterschrift

MUSTER

An die Bauaufsichtsbehörde

Bezirksamt Hamburg-Nord
Behörde   (z.B. Bezirksamt Altona)

Zentrum für Wirtschaftsförderung, Bauen
Amt   (z.B. Zentrum für Wirtschaftsförderung, Bauen und Umwelt)

Bauprüfung
Abteilung   (z.B. Bauprüfung)

Wird von der Behörde ausgefüllt

Geschäftszeichen ....

Eingangsstempel

Anlage - Gebühren

Nach § 3 Absatz 5 Satz 1 der Baugebührenordnung (BauGebO) hat die oder der Gebührenpflichtige die zur Errechnung der Gebühr maßgeblichen Kostennachweise mit dem Antrag vorzulegen.

zum Antrag vom ....

Bauherrin / Bauherr

Name
....

Vorname
....

Baugrundstück

Straße, Hausnummer
....

---

1   Angaben zu den Kosten

☒   **Neubau nach Anlage 2 BauGebO[1]** (§ 3 Absatz 2 BauGebO)

Gebäudeart (z.B. Bürogebäude) Wohngebäude ....

3.102 m³ nach DIN 277[2] **x** ....EUR / m³ nach Anlage 2 Nr. 1 .... = ...EUR

Gebäudeart [3] (z.B. Tiefgarage) Tiefgarage ....

1.410 m³ nach DIN 277 **x** ....EUR / m³ nach Anlage 2 Nr. 20 .... = ...EUR

Weitere Gebäudearten [3] (ggf. auf gesondertem Blatt)   = ...EUR

Anrechenbaren Kosten (Gesamtsumme aller Gebäudearten) [4]   = ...EUR

Zuschläge

Für die Bemessung der Gebühren der Prüfung der Nachweise der Standsicherheit, des Brandschutzes, des Wärmeschutzes und zur Energieeinsparung nach § 68 HBauO nach den Nr. 4.1 bis 4.17 Anlage 1 BauGebO:

☐   Gebäude mit mehr als 5 Vollgeschossen [6]   (Erhöhung der anrechenbaren Kosten um 5%)

☐   Hochhäuser bzw. Gebäude mit befahrbaren Decken [6]   (Erhöhung der anrechenbaren Kosten um 10%)

☒   Tiefgründungen – Mehrkosten [6] (werden den anrechenbaren Kosten hinzugerechnet)   = ...EUR

☐   Traggerüste [7]   – Herstellungskosten [4] [5]   = ...EUR

☐   Baugruben [7]   – Herstellungskosten [4] [5]   = ...EUR

☐   **Umbau bzw. Vorhaben die _nicht_ in Anlage 2 BauGebO aufgeführt sind** (§ 3 Absatz 3 BauGebO)

Vorhaben die nicht in Anlage 2 aufgeführt sind, sind z.B.:
• Fassadenerneuerungen
• Lagerplätze, Abstellplätze und Ausstellungsplätze
• Standplätze für Abfallbehälter
• Stellplätze für Kraftfahrzeuge sowie für Camping-, Verkaufs- und Wohnwagen
• Windkraftanlagen

Herstellungskosten [4] [5]   = ...EUR

BP / Z – 62.00/1a – 08.11

MUSTER

2   Angaben zur/zum Gebührenpflichtigen

☒   Der Gebührenbescheid soll an die Bauherrin / den Bauherrn gesandt werden [8]

☐   Der Gebührenbescheid soll

    ☐   an die Bauherrin / Bauherrn unter folgender Adresse gesandt werden: [9]

Name (bzw. Firmenname)	Name (z.B. des Verantwortlichen bei Firmen)
Vorname (bzw. Fortsetzung des Firmennamens)	Vorname (z.B. des Verantwortlichen bei Firmen)
Straße, Hausnummer	Telefon
PLZ, Ort	E-Mail

    ☐   Zahlungsübernahmeerklärung [10]
Hiermit erkläre ich die Übernahme der durch das Baugenehmigungsverfahren entstandenen Verwaltungsgebühr.

Der Gebührenbescheid soll an folgender Adresse gesandt werden

Name (bzw. Firmenname)	Name (z.B. des Verantwortlichen bei Firmen)
Vorname (bzw. Fortsetzung des Firmennamens)	Vorname (z.B. des Verantwortlichen bei Firmen)
Straße, Hausnummer	
PLZ, Ort	Datum Unterschrift

3   Bemerkungen (z.B. nach Nr. 4.15 der Anlage 1 BauGebO wenn die anrechenbaren Kosten schwer bestimmbar sind)

....
....
....
....

Fortsetzung gegebenenfalls auf gesondertem Blatt

4   Erläuterungen

[1] Die Anlage 2 zur BauGebO wird von der Bauaufsichtsbehörde jährlich im Amtlichen Anzeiger veröffentlicht. Fundstelle der BauGebO im Internet www.landesrecht.hamburg.de → Sachgebiete / 20 Allgemeine Verwaltung / Gliederungsnummer 202-1-55
[2] DIN 277 Teil 1, Ausgabe Juni 1987, veröffentlicht im Amtlichen Anzeiger 1988 Seite 2209
[3] Eine weitere Untergliederung der Gebäudearten ist im Regelfall dann nicht erforderlich, wenn eine Nutzung einen Anteil von ca. 90% des Gesamtvolumens beträgt (§ 3 Absatz 4 BauGebO)
[4] Aufgerundet auf volle 1.000 EUR (§ 3 Abs. 6 BauGebO)
[5] Die Herstellungskosten sind nach dem Umfangsämtlicher Arbeiten und Lieferungen, die zur Fertigstellung erforderlich sind zu ermitteln. Hierzu gehört nicht die auf diese Kosten entfallende Umsatzsteuer (§ 3 Absatz 3 Absatz 3 BauGebO)
[6] Siehe Satz 2 der Anmerkungen in Anlage 2 BauGebO)
[7] Traggerüste und BAugruben, für deren Sicherung Standsicherheitsnachweise zu prüfen sind, gelten als eigenständige bauliche Anlage und sind gebührenrechtlich gesondert zu erfassen (§ 3 Absatz 3 Satz 4 BauGebO)
[8] Regelfall, da die Gebührenpflicht grundsätzlich dem Bauherrn obliegt
[9] z.B. bei Bauherrn, deren Rechnungslegung über eine andere Abteilung erfolgt oder wenn sich die Anschrift des Bauherrn im Ausland befindet
[10] nach § 9 Absatz 5 Gebührengesetz (GebG) z.B. bei Werbeanlagen, wenn nicht nur die Durchführung des Vorhabens sondern auch die Gebührenabwicklung über die ausführende Firma erfolgen soll

Die Bauaufsichtsbehörde kann die für die Errechnung der Gebühren erforderlichenKosten schätzen, wenn diese nicht nachgewiesen werden oder offensichtlich unzutreffend sind (§ 3 Absatz 5 Satz 2 BauGebO).

Hamburgische Architektenkammer
Körperschaft des öffentlichen Rechts

Bei Umzug mit neuer Anschrift zurück! - 048462HS
Architektenkammer - Grindelhof 40 - 20146 Hamburg

Herrn Architekten
Frank Buken
prasch buken partner architekten partG mbB
Große Elbstraße 150
22767 Hamburg

Hamburg, den
HAK 048462-AL08658

Ansprechpartner

Bestätigung

Hamburgische
Architektenkammer
Grindelhof 40
20146 Hamburg
T 040 441841-0
F 040 441841-44
www.akhh.de

Hiermit bestätige ich, dass

Frank Buken

am 01.09.2014 unter AL08658 als Architekt in die Architektenliste für das Bundesland Hamburg eingetragen wurde und derzeit mit dem Zusatz freischaffend geführt wird. Ein Löschungsverfahren vor dem Eintragungsausschuss oder Ehrenausschuss ist zurzeit nicht anhängig.

Die Aktualität dieser Bestätigung kontrollieren Sie bitte unter listen.akhh.de durch eine Abfrage der dort veröffentlichten Architekten- und Stadtplanerliste.

Hamburgische Architektenkammer

Freie und Hansestadt Hamburg
Landesbetrieb Geoinformation und Vermessung
Erteilende Stelle: LGV-Geoservice
Neuenfelder Straße 19
21109 Hamburg

Flurstück:

Gemarkung:

Auszug aus dem Liegenschaftskataster

Liegenschaftskarte 1:1000

Erstellt am 05.03.2019

1271

336

125 125a   125b 125c

-I

I

360   183

123
II

127   129   III   III

131   II   133   II

1595

118   120   116   III

122   222   IV   -I

124   II   126   II   128   II

130   III   132   III   1300

307   371   372   43   1689   I   I

1059   74   1   255b II   I

175   320   II   255a   I   II

337   40   66   III   1507   256   225   250

39   44   II   I

5940362

32566419

0   10   20   30   Meter

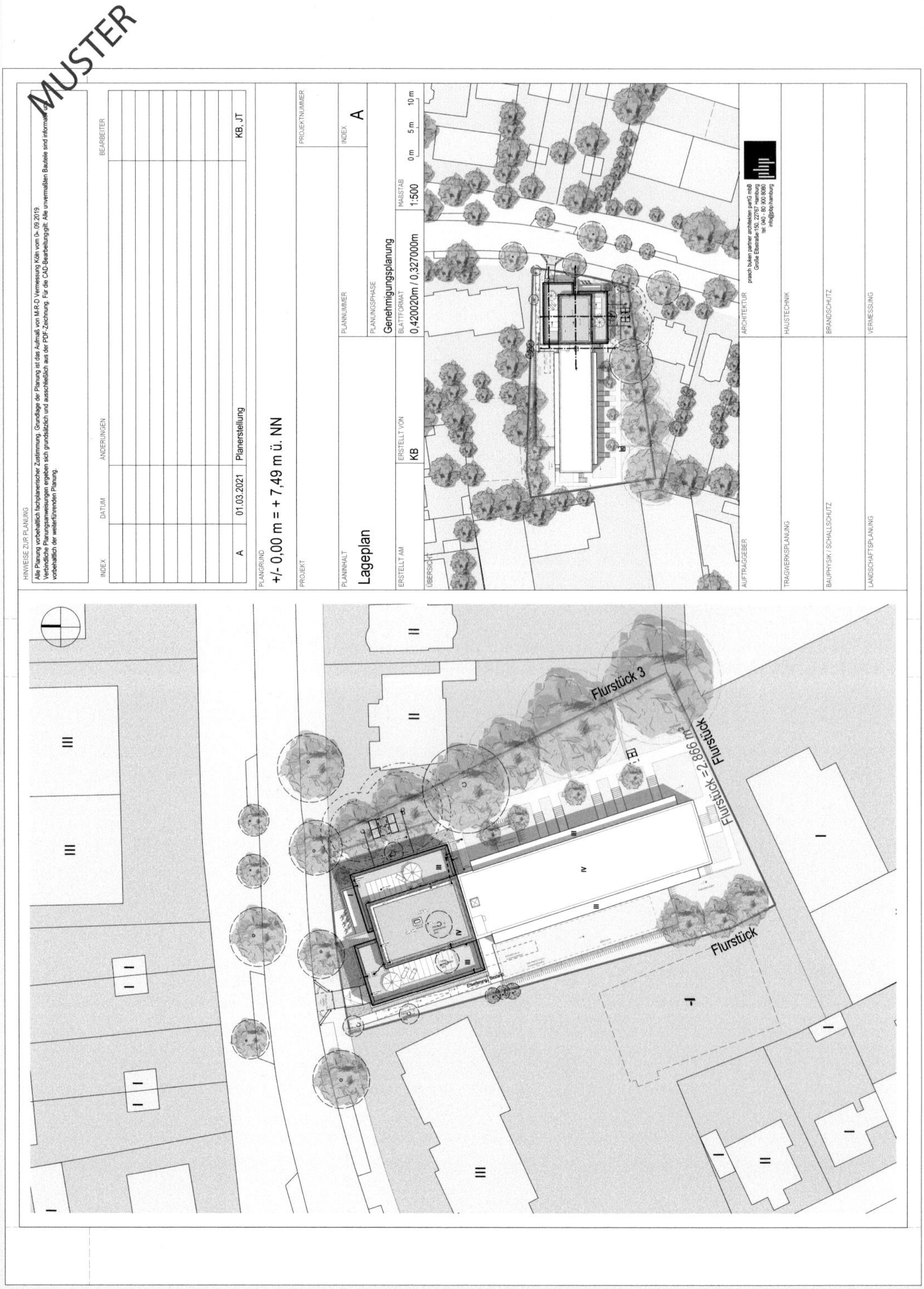

MUSTER

HINWEISE ZUR PLANUNG

Alle Planung vorbehaltlich fachplanerischer Zustimmung. Grundlage der Planung ist das Aufmaß von M-R-O Vermessung Köln vom 04. 09. 2019. Verbindliche Planungsanweisungen ergeben sich grundsätzlich und ausschließlich aus der PDF-Zeichnung. Für die CAD-Bearbeitungsfild. Alle unvermaßten Bauteile sind informativ, vorbehaltlich der weiterführenden Planung.

INDEX	DATUM	ÄNDERUNGEN		BEARBEITER
A	01.03.2021	Planerstellung		KB, JT

PLANGRUND

+/- 0,00 m = + 7,49 m ü. NN

PROJEKT

PLANINHALT

Lageplan

ERSTELLT AM   ERSTELLT VON

KB

ÜBERSICHT

AUFTRAGGEBER

TRAGWERKSPLANUNG

BAUPHYSIK / SCHALLSCHUTZ

LANDSCHAFTSPLANUNG

PLANNUMMER

PLANUNGSPHASE

Genehmigungsplanung

BLATTFORMAT

0,420020m / 0,327000m

MASSSTAB

1:500

0 m   5 m   10 m

ARCHITEKTUR

HAUSTECHNIK

BRANDSCHUTZ

VERMESSUNG

PROJEKT-NUMMER

INDEX

A

praxsh baken partner architekten part mbB
Große Elbstraße 150, 22767 Hamburg
tel. +49 - 40 902 9900
info@blbhamburg

Flurstück 3

Flurstück = 2.856 m²

Flurstück

Flurstück

MUSTER

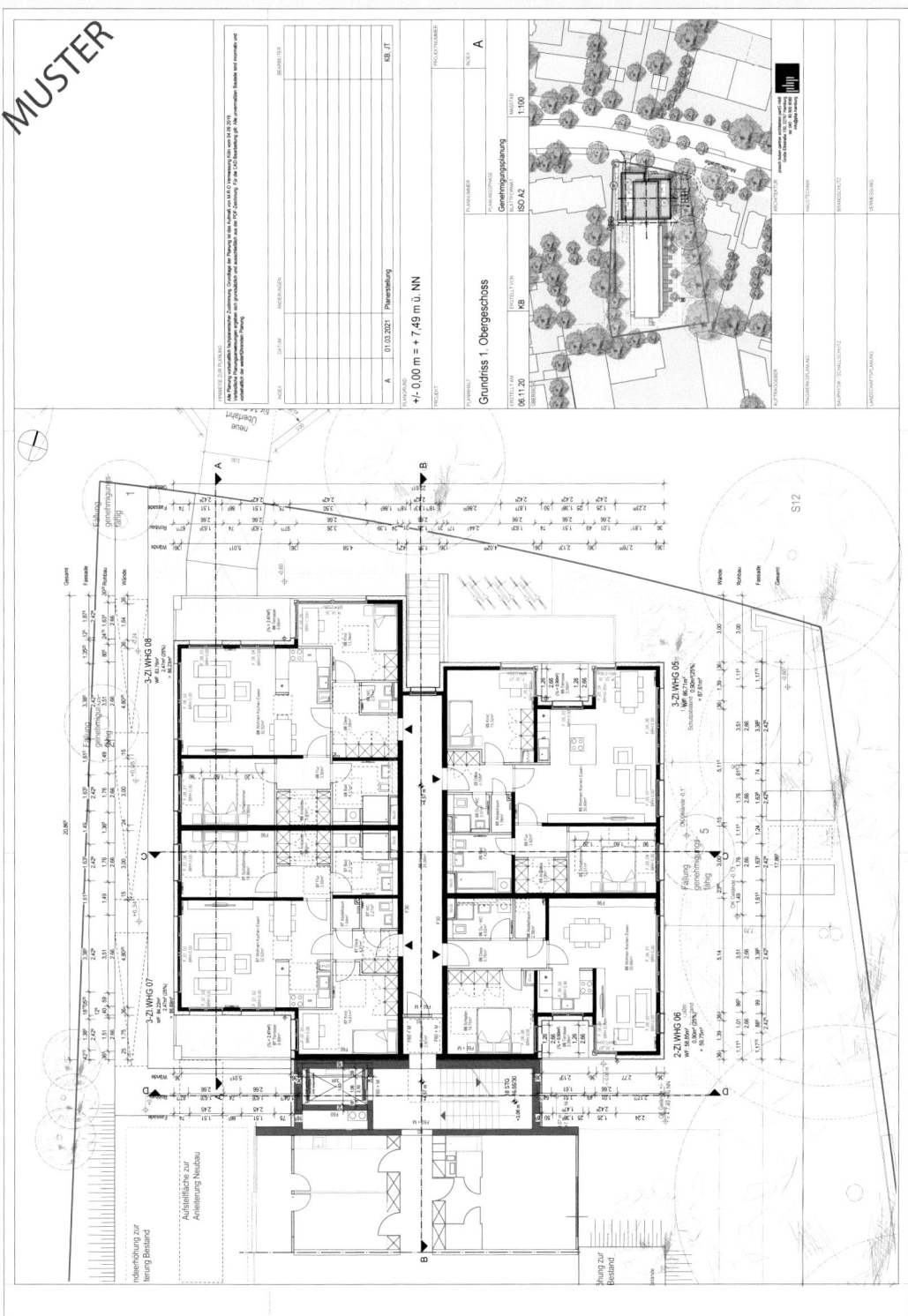

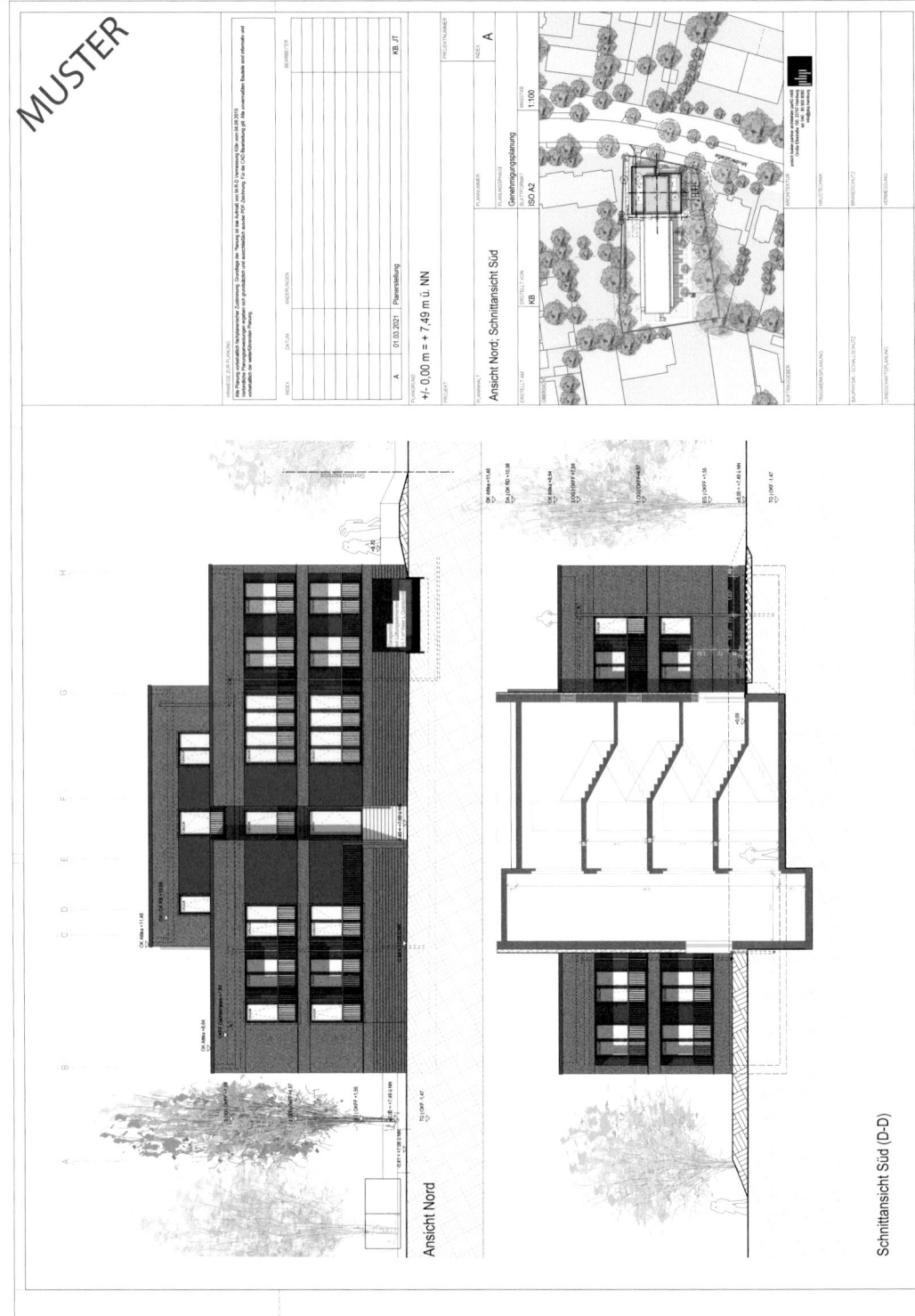

MUSTER

Ansicht Nord

Schnittansicht Süd (D-D)

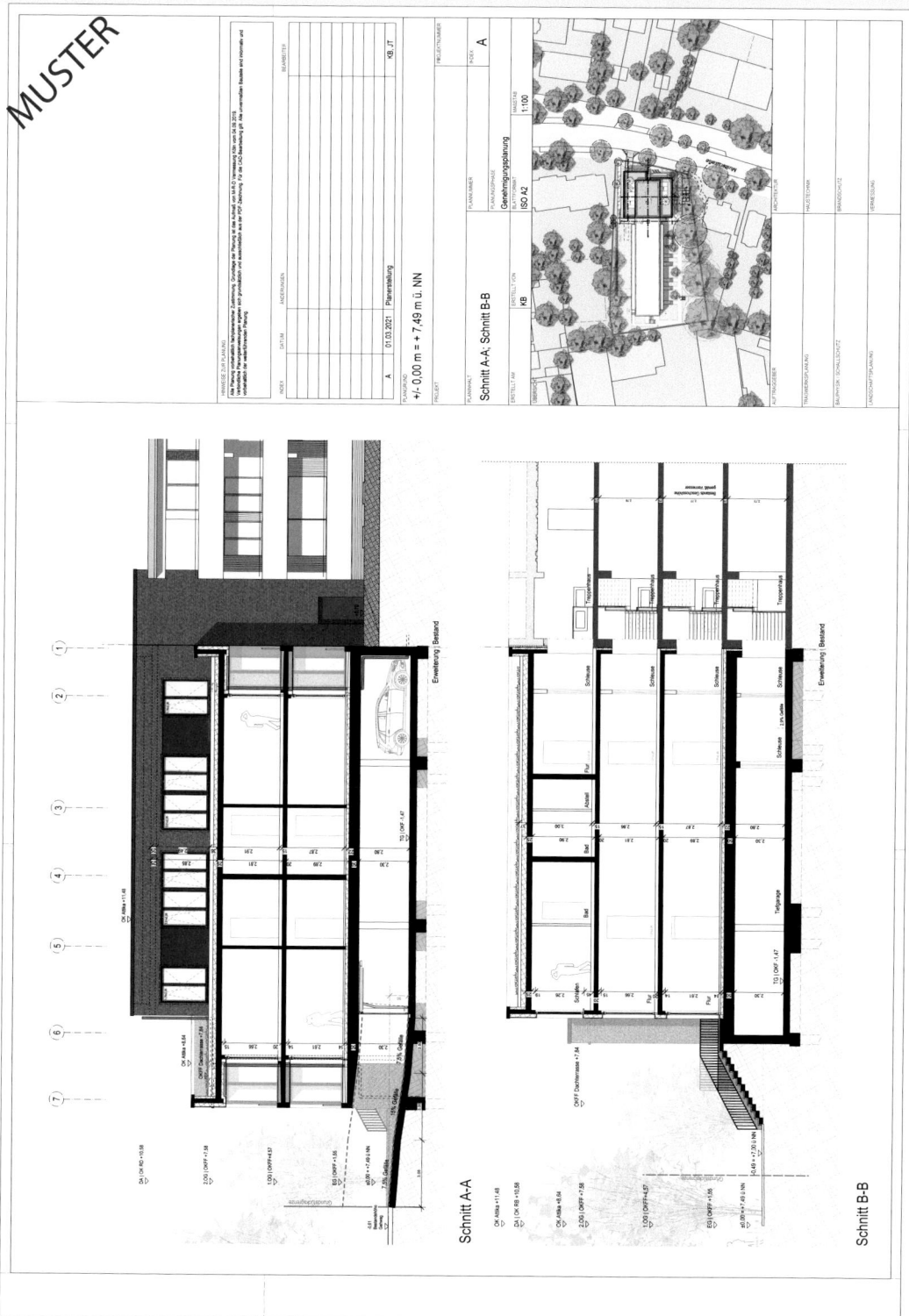

MUSTER

Schnitt A-A

Schnitt B-B

MUSTER

Erweiterungsbau mit 10 Wohneinheiten für ein bestehendes Wohngebäude mit 12 Wohneinheiten
Genehmigungsplanung

prasch buken partner
architekten partG mbB

Flächen und Rauminhalte nach DIN 277-2016
Ermittlung mittels CAD-Programm

Berechnungen BRI

	BGF R [m2]	Höhe [m]	BGF R x H [m3]	gesamt
BRI R Erweiterung				
UG	424,59	3,32	1409,65	
EG	405,83	3,02	1225,62	
1.OG	405,83	3,01	1221,56	
2.OG	194,45	3,37	655,28	
BRI R Erweiterung gesamt				**4.512,10 m³**

	BGF S [m2]	Höhe [m]	BGF R x H [m3]	gesamt
BRI S Loggien und Terrassen				
UG	14,03	3,32	46,56	
EG	28,70	3,02	86,67	
	25,70	0,90	23,13	
1.OG	28,70	3,01	86,39	
2.OG	240,10	0,80	192,08	
BRI S gesamt				**434,83 m³**
BRI R + S gesamt				**4.946,94 m³**
BRI R + S gesamt (oberirdisch)				**3102,46**

MUSTER

Erweiterungsbau mit 10 Wohneinheiten für ein bestehendes Wohngebäude mit 12 Wohneinheiten
Genehmigungsplanung

prasch buken partner
architekten partG mbB

Flächen und Rauminhalte nach DIN 277
Ermittlung mittels CAD-Programm

	BGF R [m2]	BGF S [m2]	gesamt
BGF Erweiterung			
UG	424,59	14,03	
EG	405,83	54,41	
1.OG	405,83	28,71	
2.OG	194,45	240,10	
BGF R UG gesamt			424,59
BGF R OG gesamt			1.006,11
BGF R gesamt			1.430,70
BGF R+S gesamt			1.767,94

Nachweis Vollgeschoss nach DIN 277-2016

194,45	<	2/3 vom 1.OG
194,45	<	270,55

Das 2.Obergeschoss ist gemäß HBauO §2 (6) kein Vollgeschoss, da die Geschossfläche, ab einer Höhe >2,30m, weniger als 2/3 der Geschossfläche des darunter liegenden Geschosses beträgt.

	Anmerkung	BGF R Erweiterung	BGF – R Bestand	BGF – R Erweiterung + Bestand
1.UG	Vollgeschoss, da OK Decke über UG im Mittel1,40m über Oberkante Erdreich (HBauO; §2(6))	424,59	572,30	996,89
EG	Vollgeschoss	405,83	572,30	978,13
1.OG	Vollgeschoss	405,83	572,30	978,13
2.OG	kein Vollgeschoss bei Σ Bestand und Erweiterung, Σ Staffelgeschoss weniger als 2/3, **Innenmaße sind für Ermittlung Fläche Staffelgeschoss maßgeblich** (FAQ zu §2 HBauO; S.9)	175,74	466,22	641,96
Vollgeschosse gesamt		1.236,26	2.183,12	2.953,16

Grundstücksgröße	2.866,20
Ermittlung GRZ	0,36

GRZ= Gesamtfläche Bestand+ Erweiterung/Grundstück

Gesamtfläche Erweiterung	459,973
Gesamtfläche Bestand	572,3

GFZ Ermittlung aufgrund Befreiung 7.2. Bauvorbescheidsverfahren GZ: N/WBZ/00939/2020 hinfällig

prasch buken partner

architekten bda

Baubeschreibung gem §12 BauVorlVO

Erweiterung eines Wohngebäudes mit 12 Wohneinheiten durch einen 3-geschossigen Neubau mit 10 Wohneinheiten. Gebäudeklasse 4 gem. §2 Abs. 3 HBauO

Das geplante Bauvorhaben an der   sieht eine Erweiterung des bestehenden Wohn-riegels mit derzeit 12 Wohneinheiten um weitere 10 Wohneinheiten vor. Die Umgebung ist geprägt durch Stadtvillen und zweigeschossigen, straßenbegleitenden Geschosswoh-nungsbau. Der Gebäuderiegel   steht bislang, entgegen der umliegenden Bebauung, annähernd orthogonal mit weitem Abstand zur Straße. Anstatt die Villenstruktur der Nachbar-schaft aufgenommen zu haben bildet eine überdachte Stellplatzanlage das Entrée des Grundstücks. Diese derzeitige Situation hat   dazu bewogen über eine Erweiterung und eine städtebauliche Lückenschließung nachzudenken.

Der Baukörper wird in Richtung   weitert und straßenbegleitend aufgeweitet. Die Baufluchten der Nachbargebäude wurden aufgenommen und der nun breitere Baukörper in zwei kleinteilige, villenartige Baukörper mit einer trennenden Gebäudefuge ausgebildet. Das Staffelgeschoss des Anbaus ist möglichst weit zurückgezogen, damit straßenseitig die vorherrschende Zwei-Geschossigkeit optisch erhalten bleibt.

Durch die Realisierung des Neubaus auf der Grundfläche der derzeitigen Stellplatzanlage wird die Rodung von insgesamt 5 Bäumen notwendig. Da diese laut anliegendem Bauvorbescheid (GZ: N/WBZ/00939/2020) als nicht erhaltenswürdig eingestuft werden können, ist eine Ausnahme nach §4 Baumschutz VO genehmigungsfähig und wird parallel in gesondertem Verfahren beantragt. An zwei weiteren Bäumen werden baumverträgliche Wurzelrückschnitte notwendig.

Materialität und Formensprache des Bestandsgebäudes wurden aufgenommen und zeitgemäß in-terpretiert. Die Rotklinkerelemente und Geschosshöhen des Bestandsgebäudes finden sich ebenso in der Erweiterung wieder. Die geplante Bebauung sieht zehn neue Wohneinheiten als Zwei-, bis Dreizimmerwohnungen mit ca. 60 bis 85m² vor. Die vorhandenen Stellplätze der Stellplatzanlage werden in einem neuen Untergeschoss nachgewiesen (mit natürlicher Belüftung der Tiefgarage, Mittelgarage gem. §2 Abs. 1 GarVO). Der vorhandene Müllstandort wird um den notwendigen Mehrbedarf erweitert. Der Aufzug im Bestandsbau wird zum Durchlader und von außen barrierefrei erschlossen, so dass nun ein Großteil der Wohnungen im Bestand, sowie die Wohnungen in der Er-weiterung barrierefrei erreicht werden können. In vier Wohnungen sind barrierefreie Räume gem. §52 HBauO vorgesehen.

Die Konstruktion ist in Mauerwerksbauweise und nach den Anforderungen des Gebäudeenergiegesetzes geplant. Die Oberflächenentwässerung der anfallenden Regenwassermengen soll ausschließlich über Versickerungsschächte gewährleistet werden.

Geschäftsführer

Dipl. Ing. Architekten bda

Alf M. Prasch

Frank Buken

Partner

Dipl. Ing. Architekt

Nel Bertram

Fon 040 80 900 80 80

Fax 040 80 900 80 90
info@pbp.hamburg
www.pbp.hamburg

Erweiterungsbau mit 10 Wohneinheiten für ein bestehendes Wohngebäude mit 12 Wohneinheiten
Genehmigungsplanung

Berechnung der Anzahl notwendiger Stellplätze (Fahrrad) nach FA 1/2013 – ABH

Anzahl Wohnungen	Wohnfläche in m²		Stellplätze	gesamt
Wohnung 1	91,60	*(bis zu 100m²)*		3
Wohnung 2	59,58	*(bis zu 75m²)*		2
Wohnung 3	86,65	*(bis zu 100m²)*		3
Wohnung 4	86,17	*(bis zu 100m²)*		3
Wohnung 5	87,61	*(bis zu 100m²)*		3
Wohnung 6	59,75	*(bis zu 75m²)*		2
Wohnung 7	86,71	*(bis zu 100m²)*		3
Wohnung 8	86,25	*(bis zu 100m²)*		3
Wohnung 9	85,52	*(bis zu 100m²)*		3
Wohnung 10	85,88	*(bis zu 100m²)*		3

Benötigte Fahrradstellplätze

Bereitgestellte Fahrradstellplätze
Nachweis siehe Planunterlagen

MUSTER

Erweiterungsbau mit 10 Wohneinheiten für ein bestehendes Wohngebäude mit 12 Wohneinheiten
Genehmigungsplanung

Berechnung der gemeinsamen Müllmengen für Bestands- und Neubauwohnungen

Vorgaben
prozentuale Trennung + Leerungsfrequenz 1x / Woche je Wohneinheit gem.
Stadtreinigung Hamburg / Stand 2019

Müllmenge in Litern (l)			Anzahl Wohneinheiten (neu+Bestand)	Müll in l/ Woche	Behälter / Anzahl Größe in Litern (l)

pro Woche und Wohneinheit

Mülltonnen

gesamt / WE / Woche		175	22	3.850	240	500	770	1.100
Restmüll (RM)	80	46%		1760	0	0	0	1,6
Bioabfälle (Bio)	15	9%		330	1,4	0	0	0
Papier / PPK	40	23%		880	0	--------	--------	0,8
Wertstoffe / HWT	40	23%		880	0	--------	--------	0,8

Behälter gesamt (aufgerundet)

	2	0	0	4

Nachweis siehe Planunterlagen

MUSTER

Grundlage der Entscheidung

Grundlagen der Entscheidung sind:

- der Bebauungsplan Alsterdorf 8

  mit den Festsetzungen: WR II RH; Stellplätze; Baugrenzen; Bautiefe: 15 m
  in Verbindung mit: der Baunutzungsverordnung vom 26.11.1968

-

- die beigefügten Vorlagen Nummer

  26 / 20   Schnitt
  26 / 21   Ansichten
  26 / 29   Lageplan
  26 / 31   Plan Verschiebung Gewegüberfahrt

  unter der Maßgabe der nachfolgenden Entscheidungen, Nebenbestimmungen und
  Hinweise

Beantwortung der Einzelfragen

1. Ist eine Befreiung von den im Bebauungsplan Alsterdorf 8 festgesetzten Baugrenzen gem. Planung möglich?

Ja, unter bestimmten Bedingungen. Siehe hierzu Befreiung 7.4.

2. Ist eine Befreiung von der im Bebauungsplan Alsterdorf 8 festgesetzten maximalen Anzahl von 2 Vollgeschossen gemäß Planung möglich und unter Einhaltung der Abstandsflächen gem. § 6 HBauO genehmigungsfähig?

Ja, unter bestimmten Bedingungen. Siehe hierzu Befreiung 7.2.

3. Ist eine Befreiung von der im Bebauungsplan festgesetzten Gebäudetiefe gem. Planung möglich?

Eine Befreiung ist nicht erforderlich. Zur Begründung siehe Befreiung 8.1.

4. Ist eine Fällung der bestehenden und nicht erhaltungswürdigen Bäume 1-5 (Linden) sowie der nicht erhaltungswürdigen Douglasie (Nr. 6) und der Esche (Nr. 7) zur Umsetzung des Neubaus genehemigungsfähig?

<u>Ja</u> - zum Baumbestand 1-5
Gemäß dem vorliegenden Gutachten und den dort getätigten Aussagen können die Linden als nicht erhaltungswürdig eingestuft werden und daher kann eine Ausnahmegenehmigung gemäß § 4 der Baumschutzverordnung unter der Auflage von Ersatzpflanzungen in Aussicht gestellt werden.

<u>Nein</u> - zum Baumbestand 6 und 7
Die beiden an der östlichen Grundstücksgrenze in einer Baumreihe stehenden Bäume (Douglasie und Esche) sind zwingend zu erhalten. Die Bäume weisen aktuell eine gute Vitalität auf und können perspektivisch bei entsprechender Pflege noch lange an ihrem Standort bestehen. Insbesondere ist der ortsbildprägende

Abweichungsantrag Baumschutz VO

MUSTER

An die Bauaufsichtsbehörde

Bezirksamt Hamburg-Nord ....
Behörde   (z.B. Bezirksamt Altona)

Zentrum für Wirtschaftsförderung, Baue
Amt   (z.B. Zentrum für Wirtschaftsförderung, Bauen und Umwelt)

Bauprüfung ....
Abteilung   (z.B. Bauprüfung)

Wird von der Behörde ausgefüllt

Geschäftszeichen ....

Eingangsstempel

Abweichungsantrag

nach § 69 Absatz 2 Hamburgische Bauordnung (HBauO):

☐ Abweichung von bauordnungsrechtlichen
   Anforderungen (§ 69 Absatz 1 HBauO)

☐ Ausnahme von den Festsetzungen des
   Bebauungsplans (§ 31 Absatz 1 BauGB)

☐ Befreiung von den Festsetzungen des
   Bebauungsplans (§ 31 Absatz 2 BauGB)

☐ Abweichung vom Erfordernis des Einfügens in die
   Eigenart der näheren Umgebung (§ 34 Absatz 3a
   BauGB)

nach anderen Rechtsvorschriften:

☒ Abweichung / Ausnahme / Befreiung

☒ Anlage zum Bau- / Vorbescheidsantrag vom ....   ☐ Eigenständiger Antrag
(z.B. bei verfahrensfreien Vorhaben nach § 60 HBauO)

Bauherrin / Bauherr (§ 54 HBauO)

....
Name   (bzw. Firmenname)

....
Vorname   (bzw. Fortsetzung des Firmennamens)

....
Straße, Hausnummer

....
PLZ, Ort

....
Name des Verantwortlichen bei Firmen

....
Vorname des Verantwortlichen bei Firmen

....
Telefon

....
E-Mail

Baugrundstück

....
Belegenheit (Straße, Hausnummer)

....
Flurstück / e

....
Baublock   Gemarkung

Vorhaben   Angabe nur bei eigenständigen Anträgen erforderlich.

Kurzbeschreibung   Erweiterung eines Wohngebäudes um 10 WE mit Tiefgarage
(z.B. Errichtung eines Carports im Vorgarten)

Die Abweichung / Ausnahme / Befreiung von folgender Vorschrift wird beantragt

§2 Baumschutzverordnung

....

....

Begründung

Die Realisierung des Neubauvorhabens im Schutzbereich von zwei

Bäumen (Douglasie 06 und Esche 07)

und ihr dadurch notwendiger Wurzelbeschnitt

ist gem. gutachterlicher Stellungnahme baumverträglich.

Gutachten siehe Anlage

....

Fortsetzung gegebenenfalls auf gesondertem Blatt

Als Bauherrin / Bauherr nach § 54 HBauO

10.08.2021 ....
Datum   **Unterschrift**

MUSTER

Baum Nr. 07/1402 - Fraxinus excelsior - Esche, 2-st.

Stammdurchmesser:	46+56 cm	Kronendurchmesser:	14,0 m
Höhe:	20,0 m	Kronenansatz:	in 4,5 m Höhe
Kronenform:	leicht einseitig in Richtung Westen orientiert		
Vitalität:	2	Verkehrssicherheit:	nicht gegeben

Bemerkungen:
- Verkehrsgefährdendes Totholz in der Krone.
- Der Stamm gabelt in 1,2 m Höhe unter Zugzwieselbildung.
- Der Baum weist Symptome des Eschentriebsterbens auf.
- Fast überwallte Wunde im Stammfußbereich, Eindringtiefe 62 cm.
- Es ist eine Kernfäule vorhanden.
- Die Resistographenuntersuchungen ergeben eine ausreichende Restwandstärke.

Krone

Symptome des Eschentriebsterbens

- Genehmigungsplanung Gewerk Sanitär

Durch eine Kamerabefahrung der Bestandsgrundleitung wurde festgestellt, dass die Mischwassergrundleitung einen sanierungsbedürftigen Zustand aufweist. Im Zuge der Baumaßnahme wird diese Grundleitung in offener Bauweise unter dem neuen Gebäude ausgetauscht.

Hydraulische Grundlagen Schmutzwasser Neubau:

Die Ermittlung der abzuführenden Schmutzwassermenge wurden folgende Stückzahlen der Objekte für den Neubau angenommen:

Entwässerungsobjekte	Stk	DU	Σ
Waschtisch	45	0,5	22,5
Bidet	0	0,5	-
Dusche ohne Stöpsel	22	0,6	13,2
Badewanne, Dusche mit Stöpsel	12	0,8	9,6
Küchenspüle/Geschirrspüler mit Sammelsiphon	22	0,8	17,6
Waschmaschine bis 6 kg	22	0,8	17,6
Waschmaschine ab 6 bis 12 kg	0	1,5	-
WC mit 6,0 l Spülkasten/ Druckspüler	44	2,0	88,0
Urinal	0	0,8	-
Summenabfluss	**Σ DU**		**168,5**
Abflusskennzahl K (nach DIN 1986-100)	K	0,5	
Dauerabfluss	Q_c	0,0	l/s
Pumpenförderstrom	Q_p	0,8	l/s
Schmutzwasserabfluss, gesamt	**Q_{tot}**	**7,49**	**l/s**

Überflutungsnachweis

Da der Neubau/ Anbau weniger als 800m² hat, wurde kein Überflutungsnachweis des Baufeldes durchgeführt.

Versickerungsanlagen

Rund um den Baukörper sind vier Versickerungsanlagen geplant.

MUSTER

12.03.2021　　　　G20-1411-F-01-00　　　　Seite 3 von 25

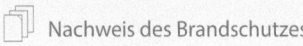

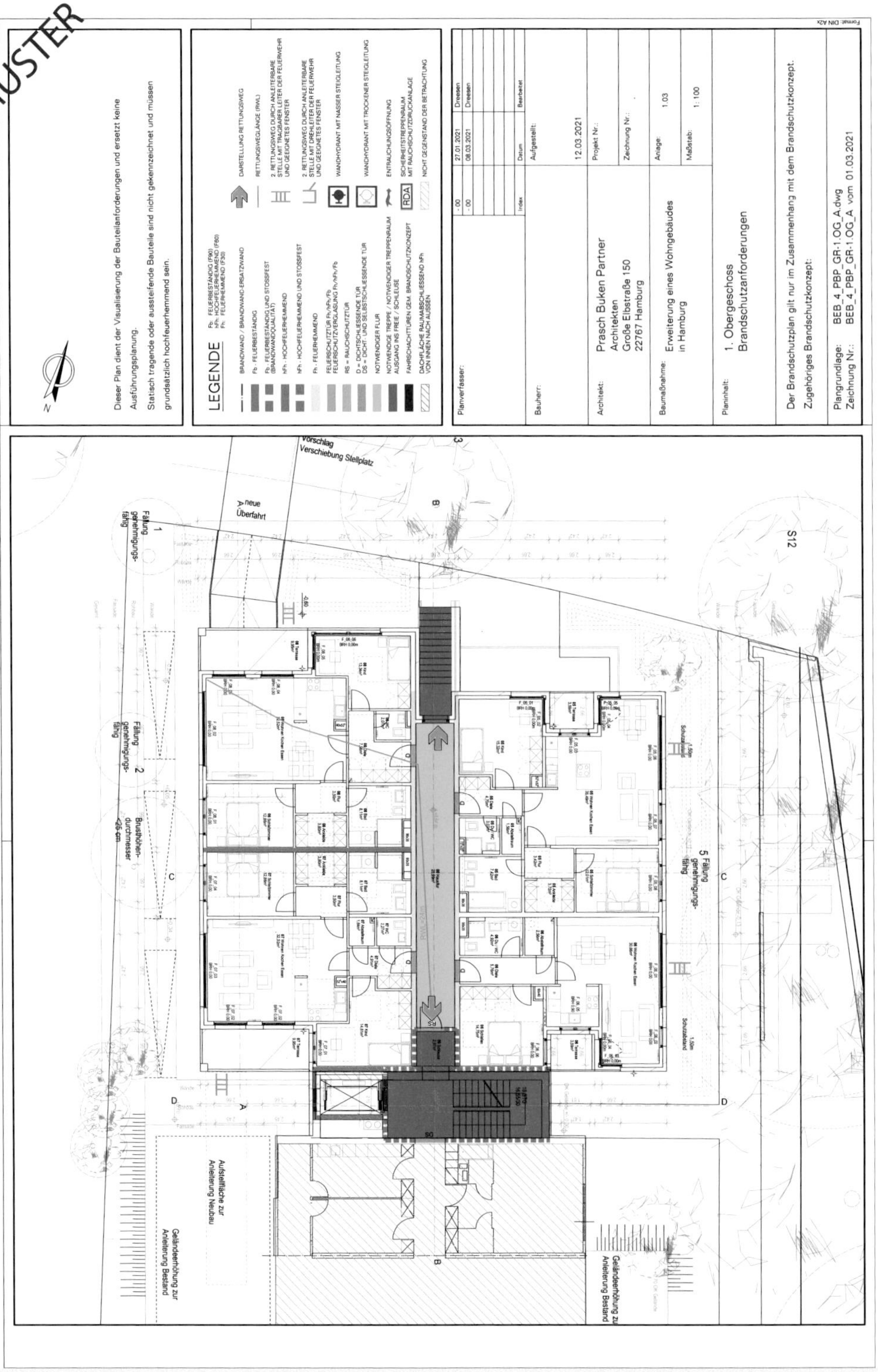
MUSTER
Dieser Plan dient der Visualisierung der Bauteilanforderungen und ersetzt keine Ausführungsplanung.
Statisch tragende oder aussteifende Bauteile sind nicht gekennzeichnet und müssen grundsätzlich hochfeuerhemmend sein.
LEGENDE
BRANDWAND / BRANDWAND-ERSATZWAND
Fb - FEUERBESTÄNDIG
Fb - FEUERBESTÄNDIG UND STOSSFEST (BRANDWANDQUALITÄT)
hFh - HOCHFEUERHEMMEND
hFh - HOCHFEUERHEMMEND UND STOSSFEST
Fh - FEUERHEMMEND
FEUERSCHUTZTÜR Fh/hFh/Fb
FEUERSCHUTZVERGLASUNG Fh/hFh/Fb
RS = RAUCHSCHUTZTÜR
D = DICHTSCHLIESSENDE TÜR
DS = DICHT- UND SELBSTSCHLIESSENDE TÜR
NOTWENDIGER FLUR
NOTWENDIGE TREPPE / NOTWENDIGER TREPPENRAUM
AUSGANG INS FREIE / SCHLEUSE
FAHRSCHACHTTÜREN GEM. BRANDSCHUTZKONZEPT
DACHFLÄCHE RAUMABSCHLIESSEND hFh VON INNEN NACH AUSSEN
DARSTELLUNG RETTUNGSWEG
RETTUNGSWEGLÄNGE (RWL)
2. RETTUNGSWEG DURCH ANLEITERBARE STELLE MIT TRAGBARER LEITER DER FEUERWEHR UND GEEIGNETES FENSTER
2. RETTUNGSWEG DURCH ANLEITERBARE STELLE MIT DREHLEITER DER FEUERWEHR UND GEEIGNETES FENSTER
WANDHYDRANT MIT NASSER STEIGLEITUNG
WANDHYDRANT MIT TROCKENER STEIGLEITUNG
ENTRAUCHUNGSÖFFNUNG
RDA
SICHERHEITSTREPPENRAUM MIT RAUCHSCHUTZDRUCKANLAGE
NICHT GEGENSTAND DER BETRACHTUNG
-00 27.01.2021 Dreesen
-00 08.03.2021 Dreesen
Index Datum Bearbeitet
Planverfasser:
Aufgestellt: 12.03.2021
Bauherr:
Projekt Nr.:
Architekt: Prasch Buken Partner Architekten Große Elbstraße 150 22767 Hamburg
Zeichnung Nr.:
Baumaßnahme: Erweiterung eines Wohngebäudes in Hamburg
Anlage: 1.03
Maßstab: 1:100
Planinhalt: 1. Obergeschoss Brandschutzanforderungen
Der Brandschutzplan gilt nur im Zusammenhang mit dem Brandschutzkonzept.
Zugehöriges Brandschutzkonzept:
Plangrundlage: BEB_4_PBP_GR-1.OG_A.dwg
Zeichnung Nr.: BEB_4_PBP_GR-1.OG_A vom 01.03.2021
Format: DIN A2x
Vorschlag Verschiebung Stellplatz
neue Überfahrt
1 Fällung genehmigungsfähig
2 Fällung genehmigungsfähig
Brusthöhendurchmesser <25 cm
5 Fällung genehmigungsfähig
S12
Schutzabstand 1,50m
Aufstellfläche zur Anleiterung Neubau
Geländeerhöhung zur Anleiterung Bestand
Geländeerhöhung zur Anleiterung Bestand

MUSTER

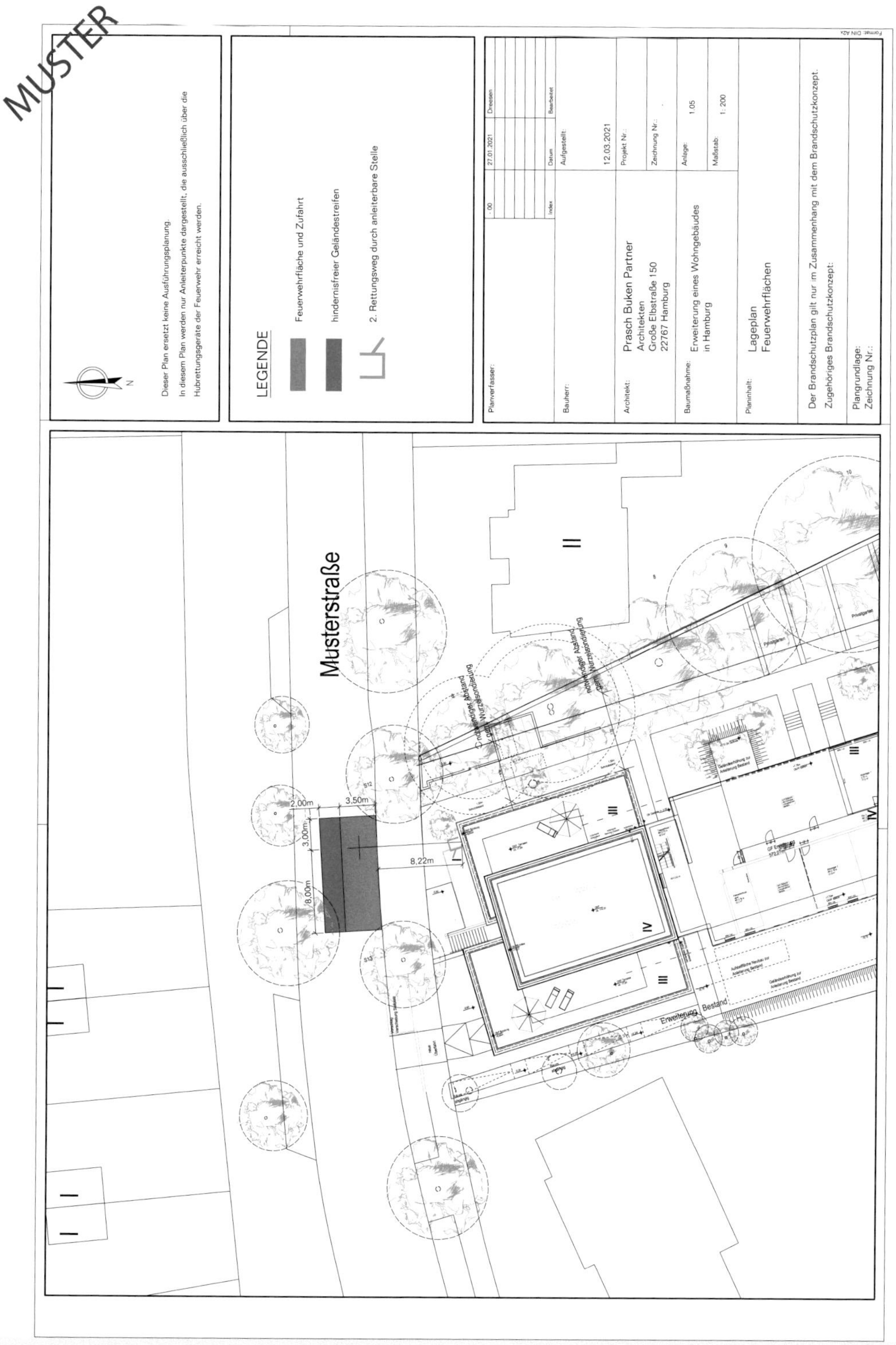

Format: DIN A2L

Dieser Plan ersetzt keine Ausführungsplanung.

In diesem Plan werden nur Anleiterpunkte dargestellt, die ausschließlich über die Hubrettungsgeräte der Feuerwehr erreicht werden.

LEGENDE

Feuerwehrfläche und Zufahrt

hindernisfreier Geländestreifen

2. Rettungsweg durch anleiterbare Stelle

N

	Index	Datum	Bearbeiter
	.00	27.01.2021	Diessen

Aufgestellt: 12.03.2021

Projekt Nr.:

Zeichnung Nr.:

Anlage: 1.05

Maßstab: 1 : 200

Planverfasser:

Bauherr:

Architekt: Prasch Buken Partner
Architekten
Große Elbstraße 150
22767 Hamburg

Baumaßnahme: Erweiterung eines Wohngebäudes
in Hamburg

Planinhalt: Lageplan
Feuerwehrflächen

Der Brandschutzplan gilt nur im Zusammenhang mit dem Brandschutzkonzept.
Zugehöriges Brandschutzkonzept:

Plangrundlage:
Zeichnung Nr.:

Musterstraße

2,00m
3,50m
3,00m
8,00m
8,22m

MUSTER

7 Anhang

7.1 Übersicht maßgebliche Außenlärmpegel

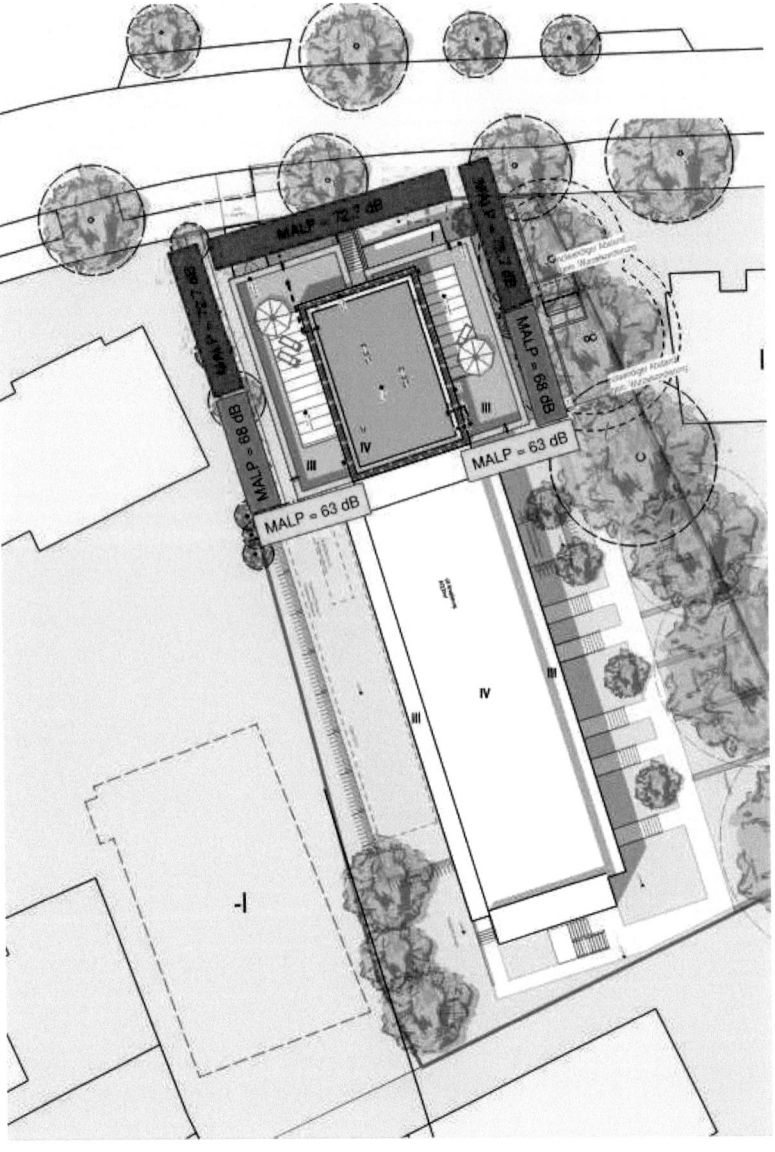

Energieeffizienz Gebäude DIN V 18599/GEG
Energieausweis - Kurzübersicht

Projekt:

Datum:	10.03.2021
Seite:	27

Neubau

Anforderungen	Gebäudedaten						
Die Anforderungen sind erfüllt.	Bezugsfläche:	897 m²	Volumen Ve:	3080 m³	Fensteranteil:	28.3 %
	Wü. Fläche A:	1425 m²	A/Ve:	0.46 1/m		

Energiebedarf

CO2-Emissionen: 15.88 kg/(m²·a)

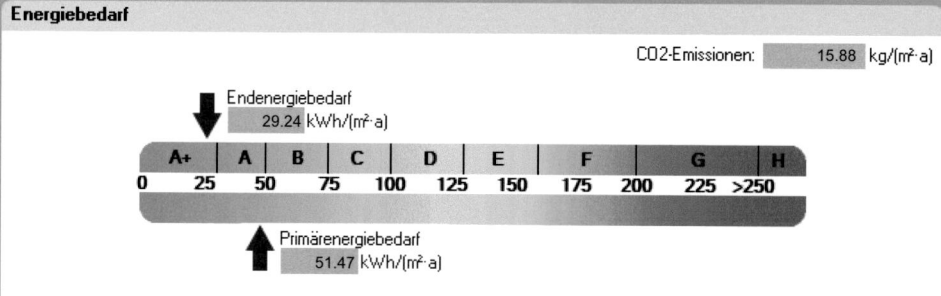

Endenergiebedarf
29.24 kWh/(m²·a)

A+	A	B	C	D	E	F	G	H
0	25	50	75	100	125	150	175	200	225	>250

Primärenergiebedarf
51.47 kWh/(m²·a)

Nachweis der Einhaltung des § 51 GEG

Primärenergiebedarf		Energetische Qualität der Gebäudehülle		DIN 4108/2	
Gebäude Ist-Wert:	51.47 kWh/(m²·a)	Gebäude Ist-Wert HT´:	0.40 W/(m²·K) ✓	sommerlicher	✓
Anforderungswert:	61.01 kWh/(m²·a) ✓	Anforderungswert HT´:	0.52 W/(m²·K) ✓	Wärmeschutz	

Aufteilung Energiebedarf

kWh/(m²a)	Heizung	Warmwasser	Gebäude gesamt
Nutzenergie	34.51	11.80	46.31
Endenergie	20.34	8.90	29.24
Primärenergie	35.45	16.02	51.47

Endenergiebedarf

Energieträger	Jährlicher Endenergiebedarf in kWh/(m²a) für		
	Heizung	Warmwasser	Gebäude gesamt
Erdgas	1.43	0.00	1.43
Strom	18.91	8.90	27.81

☑

Nutzung erneuerbarer Energien: Erfüllt durch Kombination von erneuerbaren Energien und Maßnahmen zur Einsparung von Energie.

Bauteile: Die Bauteilquerschnitte dienen lediglich zur Nachvollziehung der U-Werte und entsprechen somit keinen Baudetails. Hierbei wurden nur die wärmedämmtechnisch relevanten Bauteilschichten berücksichtigt. Zusätzlich notwendige Abdichtungen und Folien können in den Berechnungen fehlen.
Für Bauteile mit Abdichtung (sowohl Sohlplatten, als auch Dachflächen) werden gem. DIN 4108-2 Nr. 5.2.2 nur die raumseitigen Schichten bis zur Bauwerksabdichtung berücksichtigt. Ausnahme: Umkehrdächer und unterseitig gedämmte Sohlplatten mit bauaufsichtlicher Zulassung für diesen Einsatzzweck.
Bauteilschichten, die gemäß Norm nicht in die U-Wert-Berechnung eingehen dürfen, werden mit einer Wärmeleitfähigkeit von 999 W/mK berücksichtigt, so dass die Schicht den U-Wert nicht relevant beeinflusst.

U-Wert Korrekturen: U-Wert-Korrekturen nach DIN EN ISO 6946 Anhang D für mechanische Befestigungsteile und Luftspalten sind in den Bauteilberechnungen enthalten. Bei Fassaden mit Verblendmauerwerk werden die Drahtanker und Verblendkonsolen bei der Berechnung des U-Wertes der Außenwände mit einem pauschalen U-Wert-Zuschlag von 0,01 W/m²K berücksichtigt und bei Verwendung eines WDVS System sind thermisch getrennte Dübel/Verankerungen gem. Herstellerangaben zu verwenden. Bei Vorliegen von genauen Angaben zur Art und Anzahl der verwendeten Befestigungsmittel werden diese detailliert berücksichtigt.

Umkehrdächer: Der Bemessungswert der Wärmeleitfähigkeit der Umkehrdachdämmung ist der jeweiligen bauaufsichtlichen Zulassung entnommen. Es ist zwingend darauf zu achten, dass die dort angegebenen Trennlagen eingebaut werden, damit auf den ansonsten normativ vorgesehenen U-Wert-Zuschlag für Umkehrdächer verzichtet werden kann.

Wärmeleitfähigkeit: Bei der jeweils berücksichtigten Wärmeleitfähigkeit λ handelt es sich immer um den Bemessungswert. Dieser ist insbesondere in Abhängigkeit von den Einbaubedingungen, z.B. Bodenfeuchte, nichtstauendes Sickerwasser, aufstauendes Sickerwasser oder drückendes Wasser (im Einbaubereich Wand gegen Erdreich oder unter Kellersohlen), zu beachten. Der Bemessungswert weicht vom Nennwert λD und somit auch von der WLS in der Baustoffbezeichnung ab. Die berücksichtigte und für die Ausführung maßgebende Wärmeleitfähigkeit der Baustoffe ist im Bauteilkatalog jeweils in Spalte 5 dargestellt.

Produktangaben: Die Bauteilaufbauten sind produktneutral gehalten. Innerhalb des öffentlich-rechtlichen Nachweises sind die bauphysikalischen Kennwerte maßgebend. Es sind grundsätzlich nur bauaufsichtlich zugelassene Produkte zu verwenden. Beim Einbau sind die Verarbeitungshinweise des Herstellers zu beachten. Zwecks Beratung zur Produktauswahl stehen wir gerne zur Verfügung.

Thermische Hülle: Alle gemachten Angaben zu den Bauteilen der gedämmten Außenhülle sind zum Teil den Plänen und der Baubeschreibung entnommen (Fenstermaße sind als Rohbaumaße berücksichtigt) und wurden bei Gesprächen hinterfragt. Die Dicke und der Baustoff der tragenden Bauteile können teilweise abweichen. Die Auswirkung ist unwesentlich und wurde daher hier vernachlässigt.
Die Produktangaben innerhalb dieses Nachweises sind unverbindliche Vorschläge. Es können jederzeit gleichwertige Produkte anderer Hersteller verwendet werden.

Bauschwere: Die wirksame Speicherfähigkeit der Bauteile wird über die Angabe der Bauschwere in der Berechnung berücksichtigt. Die Bauschwere wurde als "schwer" eingestuft aufgrund der Stahlbetondecken und der massiven Innen- und Außenbauteile >=1600kg/m³.

Iso-Kimmsteine: Bei Sohlplatten zum Erdreich und/oder Tiefgaragen/Kellerräumen, die unterhalb keine Dämmung zum warmen Bereich haben, ist der Einbau einer Iso-Kimmschicht als erste Schicht auf der Sohle/Decke empfehlenswert.
bzw. teilweise bei einem Wärmebrückenzuschlag von 0,05W/m²K entsprechend Beiblatt 2 der DIN 4109 erforderlich.
Die Ausführung einer ISO-Kimmschicht ist mit dem Planer abgestimmt.

Leitungen in der Dämmebene: Die Schwächung der Dämmung in der Installationsebene des Fußbodenaufbaus wird durch einen pauschalen U-Wert-Zuschlag von 0,01 W/m²K im U-Wert des entsprechenden Bauteils in Abstimmung mit dem Anlagenplaner berücksichtigt.

Wärmeerzeuger: Die Versorgung des Heizungssystems und Trinkwassersystem wir zu 80% über eine Außenluft-Wasser-Wärmepumpe und zu 20% über einen Spitzenlast Gas-Brennwertkessel incl. eines Pufferspeicher abgedeckt.

Solaranlage: Ohne.

Anlagentechnik: Alle gemachten Angaben zur Anlagentechnik sind durch den Haustechniker hinsichtlich der technischen Umsetzbarkeit zu bestätigen.

Holzschutz: Die technischen Vorgaben zum Holzschutz gemäß DIN 68800 sind einzuhalten.

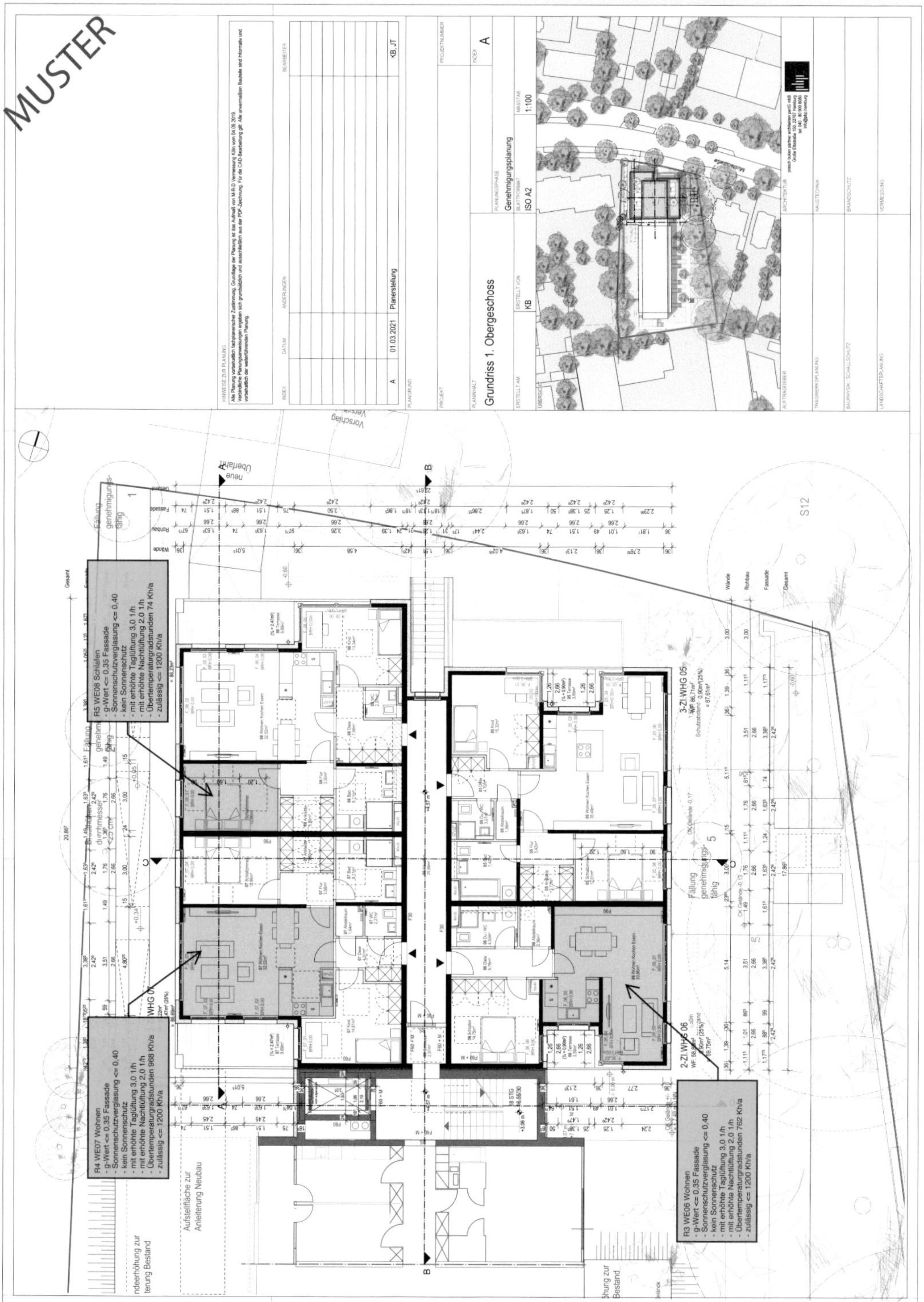

MUSTER

INDEX | DATUM | ÄNDERUNGEN | BEARBEITER
A | 01.03.2021 | Planerstellung | KB, JT

Grundriss 1. Obergeschoss
Genehmigungsplanung
ISO A2
ERSTELLT VON KB
1:100

INDEX A

F4 WE07 Wohnen
- g-Wert <= 0,35 Fassade
- Sonnenschutzverglasung <= 0,40
- kein Sonnenschutz
- mit Sonnenschutz Tageslüftung 3,0 1/h
- mit erhöhte Nachtlüftung 2,0 1/h
- Übertemperaturgradstunden 988 Kh/a
- zulässig <= 1200 Kh/a

F3 WE08 Schlafen
- g-Wert <= 0,35 Fassade
- Sonnenschutzverglasung <= 0,40
- kein Sonnenschutz
- mit Sonnenschutz Tageslüftung 3,0 1/h
- mit erhöhte Nachtlüftung 2,0 1/h
- Übertemperaturgradstunden 74 Kh/a
- zulässig <= 1200 Kh/a

F5 WE06 Wohnen
- g-Wert <= 0,35 Fassade
- Sonnenschutzverglasung <= 0,40
- kein Sonnenschutz
- mit Sonnenschutz Tageslüftung 3,0 1/h
- mit erhöhte Nachtlüftung 2,0 1/h
- Übertemperaturgradstunden 782 Kh/a
- zulässig <= 1200 Kh/a

MUSTER

Statistisches Amt
für Hamburg und Schleswig-Holstein

Der Norden zählt

Statistik der Baugenehmigungen   BG

Bitte lesen Sie vor dem Ausfüllen die dazugehörigen Erläuterungen.

Identifikationsnummer

Bauscheinnummer/Aktenzeichen

Füllen Sie den Fragebogen aus bei ...
... Neubau (für jedes Gebäude 1 Erhebungsbogen).
... Baumaßnahmen an einem bestehenden Gebäude.
... Änderung des Nutzungsschwerpunkts zwischen Wohnbau und Nichtwohnbau (bitte zusätzlich einen Abgangsbogen ausfüllen)

Statistisches Amt
für Hamburg und Schleswig-Holstein
SG 221
20453 Hamburg

Sie erreichen uns über:
Telefon: 040 42831-1895/1814/1480
Telefax: 040 4279-64592
E-Mail: Bautaetigkeit@statistik-nord.de

1 Allgemeine Angaben ❶ (Blockschrift)

Bauherr/Bauherrin
Name/Firma:

Anschrift:

Anschrift des Baugrundstücks
Straße, Nummer:

Postleitzahl, Ort:

Vereinfachtes Genehmigungsverfahren nach § 61 HBauO? ....

Ja 1 ☐   Nein 2 ☐

Sonstige landesrechtliche Angaben

Land **Hamburg**

Ansprechpartner/-in für Rückfragen (freiwillige Angabe)

Frank Buken / pbp Architekten

Name (z. B. Architekt-/in, Planverfasser-/in)

Telefon und/oder E-Mail

Lage des Baugrundstücks

HAMBURG

Flurstück-Nr.:

Ortsteil-Nr.:

Datum der Baugenehmigung bzw. Genehmigungsfreistellung ....
Monat   Jahr

2 Art der Bautätigkeit ❷

Nur Neubau

Errichtung eines neuen Gebäudes – überwiegend

in konventioneller Bauart .... 1 ☐0

im Fertigteilbau .... 2 ☐

Baumaßnahme an bestehendem Gebäude .... 3 ☐

Bei Baumaßnahmen

Bei Baumaßnahme an bestehendem Gebäude

Ändert sich der Nutzungsschwerpunkt des Gebäudes zwischen Wohnbau und Nichtwohnbau? ....

Ja 1 ☐   Nein 2 ☐0

Falls „Ja", bitte frühere Nutzung angeben:

Wurde ein Abgangsbogen ausgestellt? ....

Ja 1 ☐   Nein 2 ☐

Bei Wiederaufbau, Ersatzbau, Wiederherstellung

In welchem Jahr wurde das Gebäude (Gebäudeteil) abgebrochen, zerstört o. Ä. ?

Wurde ein Abgangsbogen ausgestellt? ....

Ja 1 ☐   Nein 2 ☐

3 Angaben zum Gebäude ❸

Bauherr

Öffentlicher Bauherr .... 1 ☐

Unternehmen

Wohnungsunternehmen .. 2 ☐0

Immobilienfonds .... 3 ☐

Land- und Forstwirtschaft, Tierhaltung, Fischerei ..... 4 ☐

Produzierendes Gewerbe .... 5 ☐

Handel, Kreditinstitute und Versicherungsgewerbe, Dienstleistungen sowie Verkehr und Nachrichtübermittlung .... 6 ☐

Privater Haushalt .... 7 ☐

Organisation ohne Erwerbszweck .... 8 ☐

Bei allen Baumaßnahmen

Wohngebäude (ohne Wohnheim)

ohne Eigentumswohnungen .... 1 ☐0

mit Eigentumswohnungen .... 2 ☐

Wohnheim .... 3 ☐

Nichtwohngebäude – Bitte Nutzungsart angeben:

(z. B. Bankgebäude, Werkhalle, Kirche, Schule)

Haustyp des Wohngebäudes

Einzelhaus .... 1 ☐   Gereihtes Haus .... 3 ☐

Doppelhaushälfte .... 2 ☐   Sonstiger Haustyp .... 4 ☐0

Überwiegend verwendeter Baustoff/Tragkonstruktion

Ziegel .... 1 ☐   Stahl .... 5 ☐

Kalksandstein .... 2 ☐0   Stahlbeton .... 6 ☐

Porenbeton .... 3 ☐   Holz .... 7 ☐

Leichtbeton/Bims .... 4 ☐   Sonstiges .... 8 ☐0

Vorwiegende Art der Beheizung

Fernheizung .... 1 ☐   Etagenheizung .... 4 ☐

Blockheizung .... 2 ☐   Einzelraumheizung .... 5 ☐

Zentralheizung .... 3 ☐0   Keine Heizung .... 6 ☐

Nur bei Errichtung eines neuen Gebäudes

MUSTER

noch 3 Angaben zum Gebäude

Verwendete Energie *(Bitte jeweils eine Position ankreuzen.)*

Heizung	Primär	Sekundär	Warmwasser-bereitung	Primär	Sekundär
Keine	00 ☐	00 ☐	Keine	00 ☐	00 ☐
Öl	02 ☐	13 ☐	Öl	02 ☐	13 ☐
Gas	03 ☐	14 ☒	Gas	03 ☐	14 ☒
Strom	04 ☐	15 ☐	Strom	04 ☐	15 ☐
Fernwärme/Fernkälte	05 ☐	16 ☐	Fernwärme/Fernkälte	05 ☐	16 ☐
Geothermie	06 ☐	17 ☐	Geothermie	06 ☐	17 ☐
Umweltthermie (Luft/Wasser)	07 ☒	18 ☐	Umweltthermie (Luft/Wasser)	07 ☐	18 ☐
Solarthermie	08 ☐	19 ☐	Solarthermie	08 ☐	19 ☐
Holz	09 ☐	20 ☐	Holz	09 ☐	20 ☐
Biogas/Biomethan	10 ☐	21 ☐	Biogas/Biomethan	10 ☐	21 ☐
Sonst. Biomasse	11 ☐	22 ☐	Sonst. Biomasse	11 ☐	22 ☐
Sonst. Energie	12 ☐	23 ☐	Sonst. Energie	12 ☐	23 ☐

Falls „Sonstige Energie für Heizung", bitte hier erläutern:

Falls „Sonstige Energie für Warmwasserbereitung", bitte hier erläutern:

Einsatz von Lüftungs- und Kühlungsanlagen

Anlagen zur Lüftung

mit Wärmerück-gewinnung	1 ☐	
ohne Wärmerück-gewinnung	2 ☐	
keine Nutzung	3 ☐	

Anlagen zur Kühlung

elektrisch	1 ☐	
thermisch	2 ☐	
keine Nutzung	3 ☐	

Art der Erfüllung des EEWärmeG
Mehrfachnennungen möglich.

Erneuerbare Energie (Wärme, §5)

Holz, Bioöl, Biogas, Biomethan .... 01 ☐

Sonstige (z. B. Umwelt-, Geo-, Solarthermie) .... 02 ☒

Erneuerbare Energie (Kälte, §5) .... 03 ☐

Kraft-Wärme-/Kraft-Wärme-Kälte-Kopplung (§7) .... 04 ☐

Wärmerückgewinnung (§7) .... 05 ☐

Sonstige Abwärme (§7) .... 06 ☐

Energieeinsparung (Übererfüllung EnEV, §7) .... 07 ☐

Fernwärme oder Fernkälte (§7) .... 08 ☐

Gemeinschaftliche Wärmeversorgung (§6) z. B. Quartierslösung .... 09 ☐

Ausnahme(regelung) (§9) .... 10 ☐

Befreiung (§9) .... 11 ☐

Sonstiges .... 12 ☐

Falls „Sonstiges", bitte hier erläutern:

4 Größe des Bauvorhabens ❹

Werte ohne Kommastellen angeben.

Rauminhalt – Brutto in m³ (DIN 277) ..... 01 | 4 | 9 | 4 | 7 |

Anzahl der Vollgeschosse (laut LBO) .... 02 | 2 |

	neuer Zustand in vollen m²	alter Zustand in vollen m²
Nutzfläche (DIN 277; ohne Wohnfläche)	03	05
Wohnfläche (WoFIV) der Wohnungen	04	8 1 6	06

Anzahl der Wohnungen mit (Räume, einschließl. Küchen)

	neuer Zustand	alter Zustand
1 Raum	07	15
2 Räumen	08	2	16
3 Räumen	09	8	17
4 Räumen	10	18
5 Räumen	11	19
6 Räumen	12	20
7 Räumen oder mehr	13	21
Anzahl der Räume in Wohnungen mit 7 oder mehr Räumen	14	22

5 Veranschlagte Kosten des Bauwerks ❺
bzw. der Baumaßnahme (Kostengruppe 300, 400 DIN 276)

Kosten in 1 000 Euro (einschließlich MwSt) .... 23 | 2 | 4 | 9 | 3 | 0 | 0 | 0 |

24 | | | | | | | |
Straßenschlüssel

BG

MUSTER

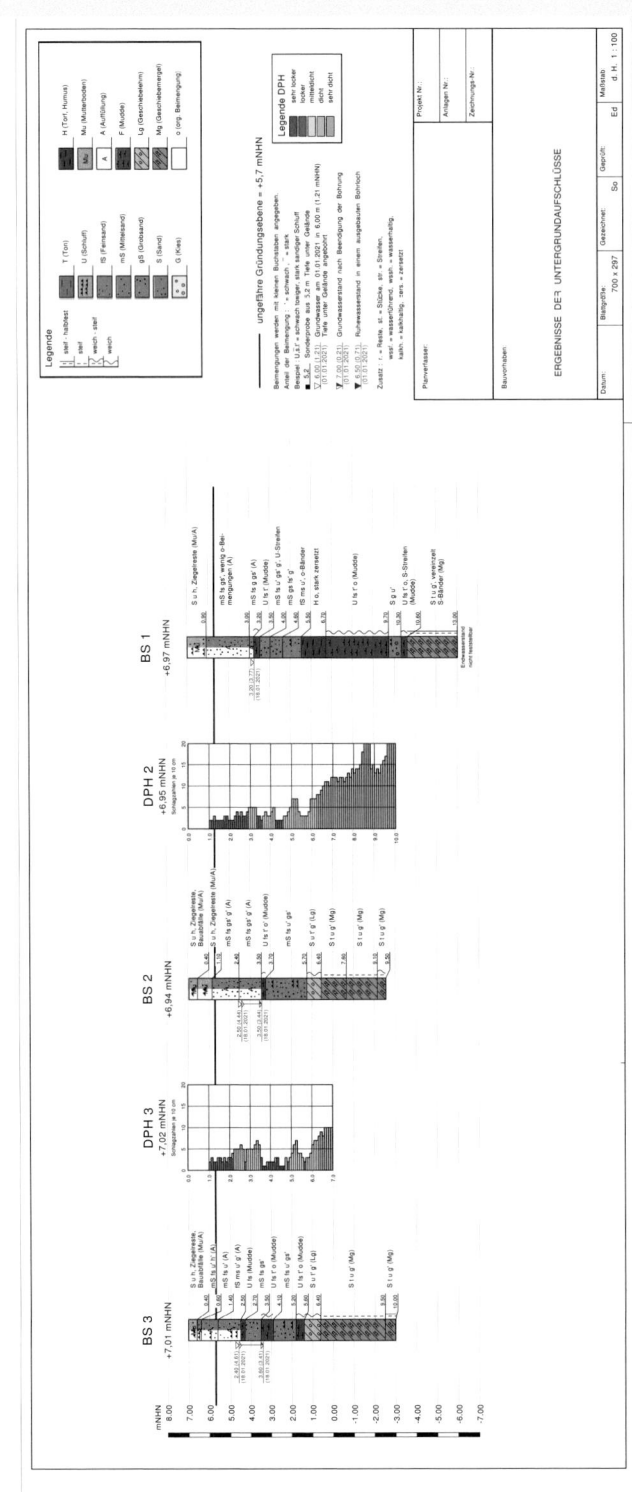

MUSTER

Lastansätze Ausbau- und Nutzlasten

wenn im Grundriss nicht anders angegeben:

Dachdecke:	Δgr 3,0 kN/m²
	qr 2,0 kN/m²
Geschossdecke:	Δgr 1,8 kN/m²
	qr 1,5 kN/m² + 1,2 kN/m² Trennwandzuschlag
Balkon/Loggia:	Δgr 1,8 kN/m²
	qr 4,0 kN/m²
TG-Decke:	Δgr 1,8 kN/m² + 0,2 kN/m² TGA Zuschlag
	qr 2,7 kN/m² + 1,2 kN/m² Trennwandzuschlag
Sohle TG:	Δgr 0,5 kN/m²
	qr 3,5 kN/m²
Rampe:	Δgr 0,75 kN/m²
	qr 5,0 kN/m²

übrige Lastannahmen siehe Statik

Wandstärken

wenn im Grundriss nicht anders angegeben:

Außenwände:	d = 17,5 cm
tragende Innenwände:	d = 15,0 cm
Wohnungstrennwände:	d = 24 cm

Legende

wenn im Grundriss nicht anders angegeben:

KSP 20-2,0 / DM

Leichtwände g=4,5,0 kN/90m einschl. Putz

Del-Nw   Durchstanznachweis

INDEX	DATUM	BEARBEITER	ÄNDERUNG

BAUVORHABEN   **Neubau Wohnen**

BAUORT

BAUHERR

ENTWURFSVERFASSER   **Prasch Buken Partner Architekten PartGmbB**
Große Elbstraße 150, 22767 Hamburg

BAUTEIL   **Staffelgeschoss**

POSITIONSPLAN
– kein Ausführungsplan –

P01 - Index / Blattnummer

XXXXX Auftragnummer

| Maßstab | 1:100 | BEARBEITER | |
| erstellt am | | PROJEKTLEITER | |

6.2.4 Berücksichtigung von Gebäudeeinflüssen

Der Einfluss der Gebäude auf die Ausbreitungsbedingungen von Luftbeimengungen wurde durch eine Windfeldberechnung mit dem Modell MISKAM berücksichtigt. MISKAM wurde speziell für die Vorhersage zu erwartender verkehrsbedingter Immissionen (Straßenbau, Stadtplanung) entwickelt. Es trägt gerade denjenigen physikalischen Prozessen Rechnung, die in der unmittelbaren Umgebung von Gebäuden Einfluss auf den Schadstofftransport ausüben. Die Gebäudehöhen wurden während eines Ortstermins am 4.3.2021 erhoben.

Der Einfluss der Gebäude in der weiteren Umgebung außerhalb des Rechengebiets wurde über den Modellparameter Rauigkeit des Einströmprofils sachgerecht berücksichtigt.

Die folgende

Abbildung 6-3 zeigt das digitalisierte Modellgebiet mit den darin aufgenommenen Gebäuden als dreidimensionale Ansicht aus Richtung Süd.

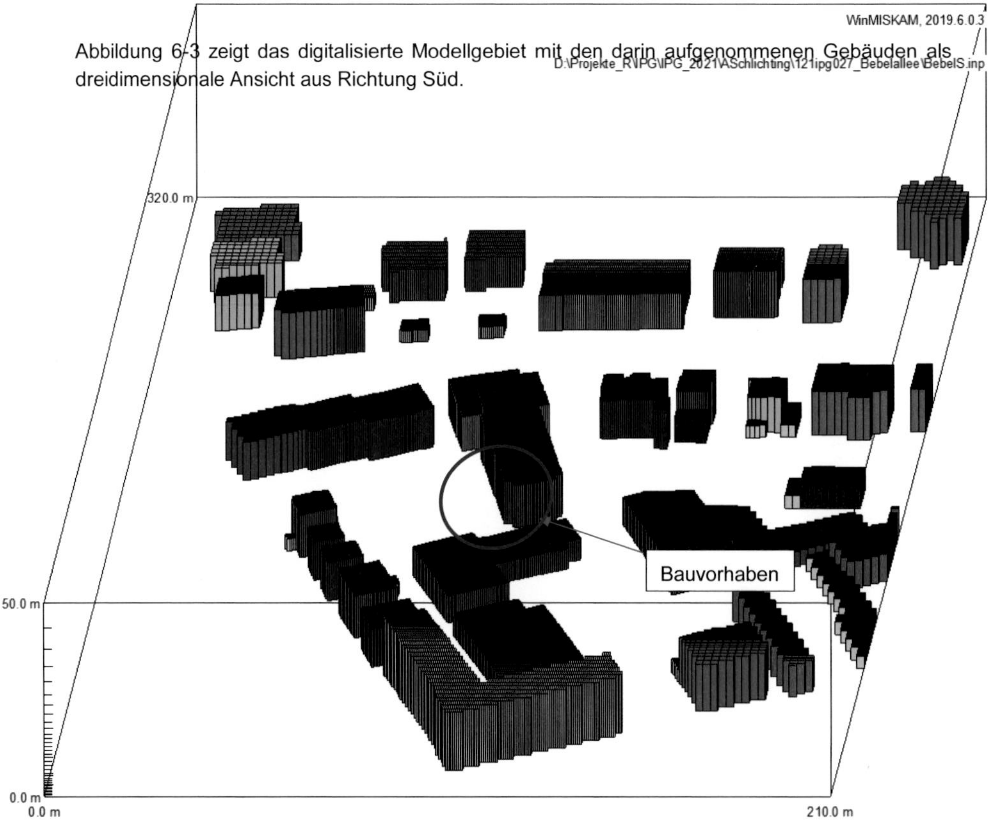

WinMISKAM, 2019.6.0.3

D:\Projekte_R\PG\IPG_2021\ASchlichting\121ipg027_Bebelallee\BebelS.inp

320.0 m

Bauvorhaben

50.0 m

0.0 m
0.0 m

210.0 m

Freie und Hansestadt Hamburg
Bezirksamt Hamburg-Nord

Bezirksamt Hamburg-Nord, Postfach 20 17 44, D - 20243 Hamburg

Dezernat Wirtschaft, Bauen und Umwelt
Zentrum für Wirtschaftsförderung, Bauen und
Umwelt
Fachamt Bauprüfung

Kümmellstraße 6
20249 Hamburg

Telefon	040 - 4 28 04 - 68 07
Telefax	040 - 4 27 90 - 48 48
E-Mail	wbz@hamburg-nord.hamburg.de

Ansprechpartner:

Zimmer
Telefon
Telefax

GZ.:

Hamburg, den

Verfahren
Eingang

Baugenehmigungsverfahren nach § 62 HBauO

Grundstück

Belegenheit

Baublock

Flurstück

Errichtung eines Wohngebäudes mit 10 Wohneinheiten und einer Tiefgarage

GENEHMIGUNG

Nach § 72 der Hamburgischen Bauordnung (HBauO) in der geltenden Fassung wird
unbeschadet der Rechte Dritter die Genehmigung erteilt, das oben beschriebene
Vorhaben auszuführen.

Dieser Bescheid gilt nach § 58 Absatz 2 HBauO auch für und gegen die
Rechtsnachfolgerin oder den Rechtsnachfolger.

Öffnungszeiten des Foyers:
Mo	8:00-15:00
Di	8:00-12:00
Do	8:00-16:00
Fr	8:00-12:00

Beratungstermine nach Vereinbarung

Öffentliche Verkehrsmittel:
Kellinghusenstraße U1, U3
Tarpenbekstraße Bus 22, 39
Julius-Reincke-Stieg Bus 20, 25

Bildnachweis

Trotz intensiver Bemühungen konnten einige
Urheber der Abbildungen nicht ermittelt werden.
Die Urheberrechte bleiben jedoch gewahrt.
Wir bitten um entsprechende Mitteilung.

Amt für Verkehrsmanagement Landeshauptstadt Düsseldorf 135 (M.)
Behörde für Stadtentwicklung und Umwelt, Hamburg (BSU) 111 (o.)
bp-archikomm 11, 12,19
Brügmann, C. 60-61
Cadmapper: Schwarzpläne
Corall Ingenieure GmbH 136
DIE WOHNKOMPANIE NRW, Düsseldorf 108-109, 115, 140-141
Dorfmüller – Kröger – Klier 58-59, 62-63
FBIS Architects / pbp prasch buken partner architekten 111 (u.)
Freiwald, E. / Menke, S. 39
Heinl, O. 56-57
Jan Bitter Photography 176-178
JKL Junker und Kollegen Landschaftsarchitekten 138
Klotz, H. 37
Klotz, P.-M. 36, 38
Klütsch, M. 114 (r.)
Michael Moser Images 159, 166-167
nps tchoban voss 50, 55, 59, 63, 163, 167
Ortmeyer, K. 54-55
pbp prasch buken partner architekten BDA 49, 57, 61, 64-65, 71-98, 101, 112-113,
114 (l.), 116-118, 120-128, 130, 131 (u.), 132 (o. und u.), 133-134, 139, 144 (u.), 145 (u.r.),
146 (u.), 147 (u.r.), 150 (u.), 151 (u.r.), 164
Peutz 132 (M.), 135 (o. und u.)
Polarstern 28
Prasch, A. 46
PRIMUS development 179-182
Stadt Düsseldorf / Töpfer, G.-J. 131 (o.)
Sumesgutner, D. Architekturfotografie 66-67, 68
UNICO MEDIA 115, 144 / 145 (o.), 145 (u.l.), 146 / 147 (o.), 147 (u.l.), 148 /149 (o.), 149 (u.l.)
Wiege / v. Riegen 28
Willkomm, W. 29

Autoren

Frank Buken, Dipl.-Ing.
Architekt
Geschäftsführer pbp prasch buken
partner architekten BDA
Hamburg

Reinhold Johrendt, Prof. Dipl.-Ing.
Architekt
Professor für Bauökonomie
an der HafenCity Universität (HCU)
Hamburg, ö.b.u.v. Sachverständiger
für Architektenhonorar,
Leiter des BIMLab@HCU

Peter-Matthias Klotz, Prof. Dr.-Ing.
Bauingenieur
Professor für Baukonstruktion und Statik
an der HafenCity Universität (HCU)
Hamburg

Achim Nagel, Dipl.-Ing.
Architekt
Gründer und Inhaber
von PRIMUS developments
Hamburg

Bernd Pastuschka, Dr.-Ing.
Akademisches Mitglied Forschungs-
gemeinschaft Bauökonomie
Hamburg

Wolfgang Willkomm, Prof. Dr.-Ing. habil.
Architekt
Professor em. für Bauökonomie
an der HafenCity Universität (HCU)
Hamburg

Impressum

Herausgeber
Reinhold Johrendt, Frank Buken

 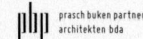

Dank
für die freundliche Unterstützung der WOHN-
KOMPANIE NRW GmbH und aller Fachplaner:innen

1. Auflage 2021
© 2021 Dölling und Galitz Verlag GmbH
München • Hamburg und die Autoren

dugverlag@mac.com
www.dugverlag.de

Schwanthalerstraße 79
80336 München
Tel. 089 / 23230966

Friedensallee 26
22765 Hamburg

Redaktion und Lektorat
loerler@alisa-buch.de
Birgit Anna Lörler

Grafik, Layout, Satz
prasch buken partner architekten BDA
Sandra Luu

Lithografie, Druck und Bindung
DZA Druckerei zu Altenburg GmbH

Bibliografische Informationen der Deutschen Nationalbibliothek
Die Deutsche Nationalbibliothek verzeichnet diese Publikation in der Deutschen Nationalbibliografie; detaillierte bibliografische Daten sind im Internet über http://dnb.d-nb.de abrufbar.

ISBN 978-3-86218-154-4